優渥叢書

優渥叢書

優渥叢書

暢銷商品是如何用 一句話說故事

1行バカ売れ

取名字、寫文案就是比別人好的 79 個技巧！

★暢銷限定版★

川上徹也◎著　黃立萍◎譯

序章　有故事的文案，能聚集人潮與錢潮！

目錄
CONTENTS

第二章

減肥書如何用一句話，強調快又簡單？

目錄
CONTENTS

第四章

目錄
CONTENTS

第六章

10個技巧，教你用一句話把賣點精確傳出去

目錄
CONTENTS

推薦序

想讓受眾對你印象深刻，文案是關鍵！

富邦人壽處經理　黃昶鑫

說到行銷策劃和文案，我印象最深刻的是，在我大學時代的總統大選期間，出現了「候選人連戰VS陳水扁」的競選廣告。那時藍營猛攻綠營支持台獨的政策可能引發戰爭，而范可欽的一個平面廣告文案，成功巧妙地引導媒體風向。

廣告中的照片，是陳水扁的兒子陳致中單手做伏地挺身的樣子，文案為「他明年要去當兵，他爸爸是陳水扁」。

簡單的一張照片、短短幾個字，深刻表達出兩項訴求：

①再笨的人也不會送自己的小孩上戰場！

②總統候選人的出身背景和應盡的義務，和我們是一樣的。

相信很多人都還記得這則廣告，為何這句文案能引起共鳴？因為它命中要害！除了命中人們的同理心和感受之外，還有很多其他因素。

成功的文案很多，失敗的文案更多（只是我們不知道），而能將成功的文案整理歸納、找出其中規則的人就不多了。

銷售這件事，不只是業務員、行銷人員及文案企劃需要，每個人都要學會銷售自己，才能讓別人接納你。在學校社團裡，如何讓他人採用你的想法；出社會後面試工作，如何讓面試官在三分鐘內認識你；追女朋友、男朋友，如何讓對方留下好印象；在工作中，如何讓主管從眾多員工中發現你的才華……，這些全部都是銷售。

我們保險業這一行，在銷售商品時，銷售的是客戶因為疾病或意外，而對未來產生的財務不安；招募人才時，銷售的則是人才畢業後，如何從依據興趣選擇工作，轉變為馬斯洛需求理論的追夢進行式。

想成功銷售商品、招募到合適人才，還是要回歸到簡報文案是否找到訴求點，並且在最短時間內讓你的訴求深植人心。

最近我對剪輯影片產生興趣，也觀察不少社群網站上的影片廣告。近幾年來，網路行銷開始取代實體店面，線上觀看留言數、評價及主持人在直播時展現的銷售功力，幾乎可以直接反映出商品的生死和成敗。

生產符合顧客需求的商品，已經是基本要求，社群網站的廣告效應使網路直播的成本，遠低於過去買報紙或電視廣告，因此財力大小不再是銷售商品時的勝敗主因，最大的關鍵還是文案的撰寫功力。

從事製造業的人即便做出再好的商品，若沒有好的行銷能力，商品一樣賣不出去。即使沒有製造能力，只要有好的銷售能力，也會有一堆人把商品交給你賣。一項商品上市後，若不能搭配好文案，依照現今資訊流通的速度，很可能下週或下個月，就有同業模仿你的商品，甚至加上新的創意上市發售。沒能即時售出的商品，很快就會變成過季垃圾。

文案是否精簡、文字是否精鍊，以及故事是否吸引人，三者交互作用產生的魔法效果，會立刻決定結果的好壞。

一九九九年，陳水扁邀胡忠信代筆他的自傳，書名為《台灣之子》，即充分展現出那個年代的民眾，多麼在乎新執政者的同理心、出身背景，甚至族群認同。

所以，文案能不能產生魔法效果，最重要的是文案寫手是否足夠瞭解商品和市場，這是文案的勝負關鍵，也是這本書的價值所在。

作者序
靠一句話，連失敗商品也能逆轉勝

非常感謝在書店中駐足的各位拿起本書，請試著想像下述情境。

假設你是書店店員，找到一本二十年前出版的書，深受感動。你希望讓更多人看見這本書，但如果什麼都不做，這本陳年舊書根本不可能賣出去，那麼你會怎麼做？

假設你在一家高級百貨公司工作，店裡進了一批比一般價格貴一倍以上的罐頭，結果完全賣不出去。眼看商品即將過期，但降價促銷會打壞自家招牌，所以不能這麼做，那麼你該怎麼辦？

這兩個情境都是實際發生過的案例。其中的主角都靠著自製的宣傳海報，利用文字的力量成功解決問題。然而，文字之所以能發揮作用，並不只是仰賴精美的宣傳海報。請看下述案例：

● 一位沒什麼名氣的地方偶像，只因為網友在她的照片上寫了一句話，便收到無數的電視廣告邀約。

● 某家老字號食品公司，將自家商品的最大缺點寫成一句文案，就讓賣不出去的商品起死回生。

● 長久以來為死亡事故所苦的鐵路公司，將一段愚蠢的影片上傳 Youtube，死亡事故發生率就此大幅降低。

● 電視購物主持人鎖定消費族群，重新定義產品價值，使銷量急遽增加。

● 日本的人氣料理直譯成英文，在美國乏人問津，僅僅只是改變名稱，相同的料理便竄升為饕客必點的人氣商品。

● 在一次運動盛會上，某家甜點製造商在推特上發表一句短文，就創造出高達數億日圓的業績。

● 原本縝密策劃的廣告文案突然無法使用，負責人火速替換成另外一句話，結果締造出超高人氣，讓一年份的庫存在當週銷售一空。

● 過去被人們認為沒有價值的魚產，因為店家取的新名稱，引來連日大排長龍的人潮，使營業額直衝雲霄。

● 縣府首長一句機智的回話，為該縣帶來巨大的經濟效益。

- 女學生在推特上的一句獨白，讓某個名不見經傳的內衣品牌成為話題商品，銷量瞬間飆升。

這些真實發生的案例，都是藉由簡短的一句文案，使過去沒能創造佳績的商品突然爆發熱賣。本書將逐一介紹所有案例。

如果你也能寫出這樣一句文案，不覺得人生將就此截然不同嗎？

精簡的一句話，匯集人潮和金流

文案的力量不只能在銷售現場發揮功效，在各種商業行為上，其重要性也與日俱增。商業行為成功與否，取決於公司內外的業務合作對象，是否認真執行銷售工作。推廣業務時，人們藉由話語來溝通，只要能點燃對方心中的火炬，使其認真相待，許多工作便能順利進行。

現今，社會進入網路時代，資訊量暴增，若無法以一句文案打動人群，很難使他們駐足停留。不論是商品的主題、名稱、目錄還是文案標語，都必須以簡單且精準的一句話，抓住對方的心。

一句文案的技巧不僅限於實際寫下的文案，也包括說出的話語。簡報中是否使用令人印象深刻的話語，將成為對方採用與否的關鍵；會議時直擊人心的說話方式，比瑣碎的說明更能獲得好評。

這個技巧也適用在帶領團隊。主管說話冗長、抓不到重點，會令部屬煩燥，若能以精簡的一句話指導，部屬則樂意追隨。那些知名經營者和企業家自然不在話下，許多業績亮眼的頂尖人才，都擅長以簡短的一句話傳達理念。

公司、店家若無法用一句話說出商品和服務的特色，很難在競爭激烈的市場環境中倖存。不論你是獨立創業還是公司職員，也將面臨相同的挑戰。

在本書中，我將運用文字點燃對方心中火炬的能力，稱為「文案力」。文案力並非文案企劃的專利，對一般商務人士而言，也是不可或缺的能力。只要具備文案力，不僅能成功賣出商品，還能在企劃工作上有所斬獲。

文案力是匯集人潮和金流的武器，你只要擁有這項能力，人生將從此大不相同。

有文字，還要有故事

二〇一四年五月，我出版《為什麼超級業務員都想學故事銷售》。這本書提到，在現今這個充斥多樣化商品的年代，光是販售商品本身很難創造佳績，銷售故事才能賦予商品新的價值，而在運用故事進行銷售的過程中，文案力是致勝關鍵。

有時發現「好故事」，卻沒辦法寫出相符的「好文字」，結果往往以遺憾收場。在難以創造熱銷的時代，故事和文案力是相輔相成的重要元素。下面舉出《為什麼超級業務員都想學故事銷售》中提到的案例來說明。

主要販售生鮮食品的電子商務網站「Oisix」，在草創時期有一項人氣商品，名為「蜜桃蕪菁」。

它當時是由 Oisix 的一位女性新進採購員所發掘。這位採購員到農家拜訪時，對方招待品種名為「HAKUREI」的蕪菁，她因為鮮甜的滋味而忍不住驚嘆：「簡直就像水蜜桃一樣！」於是將它取名為「蜜桃蕪菁」。

這位採購員將自己與農家之間發生的真實故事，發表在網站上，讓蜜桃蕪菁躍升為人氣商品。倘若這款商品的名稱並非「蜜桃蕪菁」，而是直接以名種品

「HAKUREI蕪菁」來販售，結果會如何呢？無論故事再怎麼吸引人，恐怕不足以創造熱銷。正因為採購員具有發想出蜜桃蕪菁這個名稱的文案力，這項商品才能如此受歡迎。

木村秋則[1]的「奇蹟蘋果」也是相同的道理。如果它的名字是「無肥料、無農藥蘋果」，大家應該不會那麼感興趣。

由此可知，當我們試圖運用故事來銷售商品時，文案力將成為成敗關鍵。

世上是否有絕對熱賣的魔法文案？

究竟該怎麼做，才能寫出創造熱賣的一句文案？你被書名吸引，從架上拿起本書，腦中或許正浮現這樣的想像：你使用本書介紹的技巧，寫下一句文案，結果商品、服務或企劃便開始大賣特賣。

但非常抱歉，本書沒有「寫出這句文案一定會熱賣」的魔法技巧。如果真有這種魔法，我也想討教幾招。這是理所當然的吧，要是真有這種魔法，全國的商家都能業績長紅，景氣也會變得更好。

如果你抱著這種期待閱讀本書，很遺憾地，我要讓你失望了。一項商品或服務之所以能熱賣，其中牽涉到各式各樣的因素。首先，商品品質和價格很重要，這一點無庸置疑。其次，好的設計和時機，也會讓銷售量產生極大的變化。舉例來說，即使製作海報宣傳，不是光靠一句文案就能決定一切，店員的銷售能力、店家與顧客之間的關係等都很重要。

若是透過非實體通路販售，如何運用宣傳媒介也是關鍵因素。此外，有些商品一開始被認為絕對會熱賣，結果卻完全賣不出去。

因此，熱賣現象並非只由一句文案來決定。

向行銷專家學習銷售的規則

「寫出這句文案一定會熱賣」的魔法技巧並不存在，但「寫出這句文案讓熱賣機

---

❶青森縣人。因為妻子對農藥過敏，致力栽培無農藥蘋果，前後耗費十一年歲月才終於成功。這個故事在二〇一三年被翻拍成電影《這一生，至少當一次傻瓜》。

率大幅提高」的法則卻是存在的。

從二十世紀開始，美國有許多文案企劃和銷售人員，都積極提倡「創造熱銷的文案法則」，例如：約翰・卡普爾斯（John Caples）、大衛・奧格威（David Ogilvy）、克勞德・霍普金斯（Claude C. Hopkins）、萊斯特・偉門（Lester Wunderman）、喬瑟夫・休格曼（Joseph Sugarman）、丹・甘迺迪（Dan S. Kennedy）等。

日本也有許多優秀的文案企劃，出版過「這樣做就能寫出熱賣文案」之類的書籍。只要從中挑選一本來讀，並確實實踐其中的方法，必能獲得豐碩的成果。讀過這類書籍的人應該會發現，這些書強調的重點大同小異。從美國經典著作，到近來日本商業書籍，雖然細節上有些差異，但本質幾乎相同。

這不只是因為作者撰寫新書時曾參考過去的作品，而且是因為人類的本能和欲望，無論在哪個時代都不會改變。所以，若能寫出刺激本能或欲望的一句文案，熱賣的機率便會大幅提高。

只要熟知銷售的規則，你銷售的就不只是商品本身，同時還銷售創意、企劃、資訊、社會貢獻、企業、團體，甚至是你自己。

本書讓你輕鬆閱讀、一生受用

既然市面上已經有許多同類型的書籍，為何我還要撰寫本書？因為我認為，我們需要一本更平易近人且能輕鬆閱讀的作品，不僅從事銷售相關工作的人用得到，想透過文字力量改變工作或人生的人，也都能受用。

本書整理許多書籍的重點，結合古今東西、形形色色的案例，運用獨創的文字和規則，將方法與案例分門別類，讓各位輕鬆閱讀。

不少書籍將「說什麼」（What to say）和「如何說」（How to say）混為一談，本書明確劃分兩者的差異，並解說許多商品、服務、企劃及公司，如何透過一句文案來命名、發想主題、撰寫廣告標語等，創造出狂銷熱賣、擴大市佔率的成果。

其實，許多案例使用的文案不只一句話，這裡強調的「一句」意指相對精簡。或許其中有不少你已耳熟能詳的案例，然而重新思考「為何它們會熱銷」，將發現各式各樣的線索，得到不同的啟發。當然，其中也有許多嶄新的案例，以及尚未公開的獨特案例。

即使你從事的工作與文案寫作無關，也能從本書的案例中，找到與他人分享的話題和故事。

廣告文案的任務是什麼？

我辭去廣告公司的工作之後，以文案企劃的身分獨立創業。至今為止，已幫助超過五十家大企業製作廣告，撰寫無數的文案，其中有一些作品讓我榮獲廣告大獎。但其實，我不擅長撰寫「為熱銷而寫的文案」。

大多數人可能認為，文案企劃撰寫的文案都是為了販售商品，但事實並非如此，一般來說，文案❷的任務大致分為以下五類：

①提升商品的價值。
②改變受眾的價值觀（讓受眾知悉自己從未察覺的價值）。
③傳達業主的理念。
④引起受眾的興趣，傳遞某種價值。
⑤藉由賣場、傳單、電子商務網站及DM等媒介，促使受眾購買。

我身為文案企劃，有擅長和不擅長的領域，雖然擅長撰寫第①至④類的文案，但幾乎沒有寫過第⑤類文案。儘管如此，本書將以⑤為中心，介紹曾經造成熱賣或產生極大經濟效益的各種文案。

在本書中，我不是以上對下的高姿態，指導如何寫出熱賣文案，而是期盼自己能透過撰寫本書，與讀者一同探尋熱賣文案的奧秘。若各位讀完本書之後，能寫出引發熱銷、讓對方真心相待或打動人心的文案，將是我莫大的榮幸。

❷本書並非專業書籍，因此所有廣告文案中的標語都稱為「文案」。正確地說，被稱為「企業形象標語」（corporate message，或稱為「企業品牌口號」、「宣傳詞句」）的「標題文案」也包含在內。

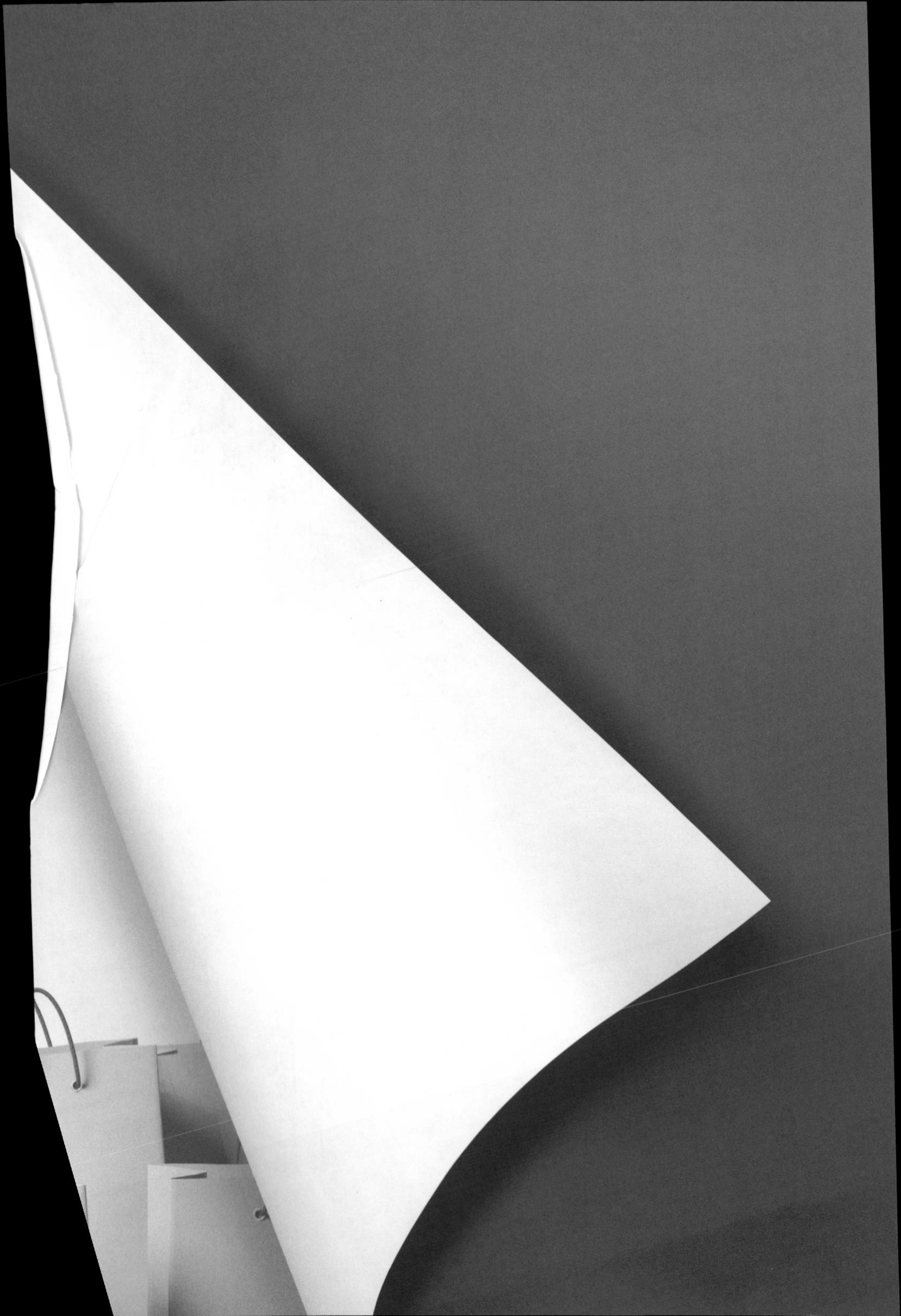

序　章

有故事的文案，能聚集人潮與錢潮！

為故事「取名字」，強調獨一無二的特點

你翻開這本書，肯定還半信半疑地想著：「真的只要一句文案，就能創造熱銷商品嗎？」有鑑於此，我先為有此疑慮的你，介紹一些實際案例。

以下幾個案例光靠改變商品名稱，便讓商品的價值產生巨大變化，造成狂銷熱潮。

案例》受颱風摧殘的蘋果，竟然成為「考生吉祥物」！

一九九一年九月二十八日上午，十九號颱風直撲日本青森縣。這次颱風的最大瞬間風速是五三．九公尺，創下觀測史上的最高紀錄，對津輕地區造成極為慘重的損

害。

說到津輕，大家應該會聯想到蘋果的盛產地。颱風期間恰逢收成時期，幾乎所有蘋果都被打落枝頭，毀損的當然不能作為商品出售，少數倖存的也因為傷痕累累，無法賣出好價錢。

這場風災遍及當地蘋果園約九〇%的面積，全縣損失的金額高達七四一億日圓。面對眼前的危機，幾乎所有農家都束手無策，煩惱著到底該不該繼續栽種蘋果。

這時，某個小鎮的果農想到一個點子：「要不要幫這些沒被打落的蘋果取個新名字，創造附加價值來販售？」他們抱著最後的希望，發想這樣的創意，將殘存下來的蘋果命名為：

不落[3]的蘋果。

事實上，這些蘋果都是經歷每秒五十公尺以上的強風考驗，仍然倖存於枝頭的幸

❸「不落」的日文原文是「落ちない」，同時也有不落榜的意思。

運果。誰會對於「不落」這件事感到欣喜呢？答案是考生。這個構想的內容就是，在全國各地的神社內，將這些蘋果當成「考生吉祥物」來販售。

於是，果農使用精緻的禮盒包裝蘋果，蓋上「合格」字樣的大紅朱印，在支持這個構想的全國神社舉行祝禱儀式，並以每顆一千日圓的價格進行販售。結果，包裝過後的蘋果深受考生和家長歡迎，瞬間銷售一空。儘管該年度的蘋果出貨量因風災而銳減，整體銷售額的下滑幅度卻不大。

當然，若非受到果農不屈不撓的精神感動，神社不會提供協助，也有許多人因為這樣的故事背景，才願意掏腰包購買，最後創造如此豐碩的結果。

這個新名稱或許不是造成熱銷的唯一原因，但如果保持沉默、什麼都不做，那就只是有瑕疵的蘋果而已。

大幅改變蘋果價值的，正是一句文案的力量。

文案① 不落的蘋果。
使用雙關語發想商品名稱，能賦予商品嶄新的價值。

案例》客人嫌噁心的魚卵，怎麼改名就變身饕客最愛？

在這個案例中，餐廳老闆只是改變商品名稱，就讓過去認為餐點噁心的顧客改變想法，喜歡美食的饕客更是蜂擁而至，每個人都讚不絕口。

美國紐約曼哈頓的高級住宅區，座落著一家專門販售博多料理的餐廳，店名叫做「Hakata Tonton」。餐廳老闆岡島冰見原本在福岡經營餐廳，二〇〇六年在沒有錢也沒有人脈的狀態下，隻身前往美國。二〇〇七年，Hakata Tonton一開幕，立刻成為門庭若市的熱門餐廳。

Hakata Tonton 的招牌料理是豬腳，菜單上直接以羅馬拼音的「TONSOKU」來標示。美國人沒有吃豬腳的習慣，岡島冰見利用過去人們丟棄的食材，創造高朋滿座的盛況。

在這家餐廳裡，有個光是改變菜單名稱，就造成狂銷熱賣的料理，那就是博多的名產——明太子。一開始，菜單上的料理名稱直白地寫著「鱈魚卵」（cod roe），結果有三位客人不約而同地向店家表示：「不要把鱈魚卵這種噁心的料理放進菜單裡！」他們甚至連嚐一嚐都不願意。

岡島冰見十分納悶，美國人明明很喜歡鱈魚西京燒❹，卻覺得鱈魚卵噁心，這到底是怎麼一回事？

到了隔天，他更換菜單名稱，上面寫著：

博多辣味魚子醬（HAKATA Spicy caviar）。

很快地，許多感到新奇的客人紛紛點了這道料理，美國人也大讚：「真好吃！和香檳的味道很搭！」

過去明明覺得鱈魚卵噁心，無法下嚥，但它被改名為辣味魚子醬後，就變得食指大動，人類還真是不可思議。

事實上，人們並非只用舌頭品嚐食物，也會用腦中的想像來品味。岡島冰見只是改變商品名稱，便成功改變美國人的價值觀。

文案②　博多辣味魚子醬。

比起直白的料理名稱，讓顧客透過想像去品嚐食物，效果會更好。

❹ 一種常見於日本關西地區的料理，使用白味噌醃漬魚片後加以燒烤，充分融合味噌的甘甜和魚肉的鮮美，風味細緻高雅。

案例》平價的養殖魚冠上大學校名，身價上漲好幾倍

請想像一下，你到一家魚肉料理非常有名的居酒屋，想點幾道生魚片料理。生魚片的菜單上，一邊寫著「海水魚」，另一邊則寫著「養殖魚」，你覺得哪一種比較有價值呢？我想多數人都會選擇海水魚吧。

一般人認為，和海水魚相比，養殖魚的風味肯定略遜一籌。然而，有一家養殖魚料理專賣店卻顛覆這個常識，在大阪與東京市區創造座無虛席的盛況。這家店的名字是「來自近大之魚與紀州之恩典！近畿大學水產研究所」。

雖然這裡販售的養殖魚種包括鯛魚和比目魚等，但招牌菜是「近大之鮪」。近大之鮪是和歌山的近畿大學水產研究所，成功培育出的完全養殖[5]黑鮪魚（或稱本鮪魚、真鮪魚）。

一九七〇年時，包含大學研究所在內，共有八家機構接受日本水產廳[6]的委託，開始進行鮪魚的養殖研究。然而三年後，各家機構都沒有做出任何成果，於是紛紛退出這項計劃。只有近畿大學不肯放棄，耗費三十二年，終於成功培育出完全養殖的黑鮪魚。

這項計劃的困難之處在於，鮪魚是一種纖細的魚種，而人類對鮪魚的生態還未詳盡瞭解。在研究初期，人工孵化的幼魚不斷地大量死亡，近畿大學腳踏實地進行研究，在嘗試錯誤的過程中，總算在二〇〇二年達成完全養殖的目標。二〇〇六年，該魚種以「近大之鮪」註冊商標，從「孵化↓幼魚↓成魚」的培育流程，都由近大水產研究所進行管理。

二〇一三年四月，三得利集團[7]的旗下企業與和歌山縣政府合作，使「來自近大之魚與紀州之恩典！近畿大學水產研究所」在大阪梅田的GRAND FRONT OSAKA[8]正式開張。同年十二月，在東京的銀座走廊街拓展二號店。無論大阪總店還是東京分店，都是很難訂位的熱門餐廳。

這個案例透過嶄新的命名，為向來被視為價值低廉的養殖魚建立品牌形象，連同顧客的價值觀都徹底扭轉。

❺意指從魚卵人工孵化時就開始培育，而非從魚苗開始養殖。
❻日本政府機關之一，主要負責漁產的穩定供給及漁業振興等相關工作。
❼以銷售啤酒、威士忌等飲品為主要業務的老字號企業，總公司位於大阪。
❽位於大阪的複合型商業設施，二〇一三年開幕。

近畿大學水產研究所歷經三十二年的艱苦奮戰，才成功培育出養殖黑鮪魚，令所有人深受感動。這個案例完全符合故事的黃金定律，正是創造價值的主因。事實上，店內的菜單上特別陳述這段故事和相關人物事蹟，讓顧客為之動容。

如果僅以「完全養殖鮪魚」命名，不會有這麼大的渲染力。將「大學名稱：近大」與「魚類名稱：鮪魚」組合的命名方式，不僅獨特新穎，還能吸引眾人目光。

文案③ 近大之鮪。

富有創意及暗示意味的命名方式，不只能吸引目光，還能一語道盡品牌故事。

案例》結凍水槽標榜「世界首見」，吸引來客多10倍

過去，有一家門可羅雀的水族館透過重新命名，將其最大弱點作為廣告標語，並進行一番改裝之後，觀光客便蜂擁而至。各位知道這是哪一家水族館嗎？

它的名字叫做「北之大地水族館」。這家水族館位於大雪山山麓、北海道北見市留邊蕊町的溫根湯溫泉區，舊名是「山之水族館」。它過去是一家展示淡水魚的水族館，但只讓遊客觀賞在水槽裡游泳的魚群，既沒有魅力，也無法吸引人潮。

想當然爾，該水族館的人氣持續低迷，二〇一一年時因為設備老舊而暫時閉館。水族館運用國家補助的城鎮建設交付金[9]進行改建，但補助金額僅有兩億五千萬日圓，即使加上當地政府的補助，也只有三億五千萬日圓。這個數字對中型規模的水族館而言，甚至不足總工程費用的二十分之一，情況非常不樂觀。

水族館改建的負責人抱著碰運氣的心情，委託知名水族館設計師中村元進行重建計劃。中村元曾經參與新江之島海生館、陽光水族館的改造計劃，擁有亮眼的實績，儘管對如此高風險的請託感到苦惱，還是秉持為地方貢獻一己之力的信念，承接這項委託。於是，北之大地水族館以中村元的設計理念為基礎，在二〇一二年夏天重新改裝開幕。

[9] 日本都市再生整備計劃的補助金，用於地方開發建設、市區住宅改善等工作，目的是提高居民的生活品質，推動區域經濟發展。

北之大地水族館在重新開幕後的九個月內，入館人數直達二十萬人次，是上一個年度的十倍之多，大幅超越原先北見市政府的預測：一年五萬人次。

更令人訝異的是，即使到了冬天，遊客依然絡繹不絕。由於此地的冬天異常寒冷，觀光客一般不會在此時造訪。儘管如此，冬天的北之大地水族館依然車水馬龍，這到底是怎麼辦到的？

因為水族館以最大弱點作為賣點，用以下這句文案進行宣傳：

世界首見！結冰的水槽！

以北海道的地理環境而言，若在戶外建造水槽，冬天時水面會完全結冰，這對水族館來說是最大弱點。然而，北之大地水族館卻反其道而行，讓遊客觀察魚群在結凍水面下活動的模樣，宛如在北海道的天然河川，令人身歷其境。

在結冰的水面下，魚群是以什麼樣的姿態悠游其中？大家應該都很感興趣吧？許多人為了觀賞這樣的奇景，特地選擇在嚴冬時期造訪。

此外，館方還陸續推出「日本首見的瀑布潭水槽」、「日本最大淡水魚——天然伊富魚的巨大水槽」等宣傳文案。「首見」、「第一」及「唯一」，都是能創造強大吸睛效果的詞彙，相關概念將在本書第六章說明。

因為這一句文案，如今北之大地水族館已搖身一變，成為北見市最熱門的觀光景點之一。

> **文案④ 世界首見！結冰的水槽！**
>
> 即便是商品的最大弱點，只要運用強而有力的一句文案加以包裝，也能成為最大的賣點。

案例》手帕王子vs塾底辣妹，海報激發名校對抗的火花

本書的讀者當中，一定有人聽過早稻田大學、慶應義塾大學吧？由福澤諭吉創設

的「陸之王者」慶應[10]，與大隈重信創設的「都之西北」早稻田[11]，是日本具代表性的私立名校，在各個領域中，時常被外界互相比較。

在「東京六大學棒球聯盟[12]」的錦標賽中，「早慶戰」（或稱「慶早戰」）是從第二次世界大戰前就非常熱門的賽事。然而，近年來大學棒球逐漸式微，連曾經火熱的賽事都沒什麼人觀戰。

直到二〇一五年五月，宣告「早慶戰即將開打」的系列海報，在網路上引發熱烈討論，電視、報紙、網路新聞等媒體都爭相報導。海報一共有五款，分別是兩校的應援團長[13]、棒球隊員、啦啦隊員、管樂隊員及吉祥物相互敵視的照片，畫面中還寫著煽動競爭情緒的文案。

五款海報中最具有吸睛效果的，是兩校的啦啦隊成員面對面、互相挑釁的海報，上面的文案如下：

從「手帕」後都沒啥表現了嘛！早稻田的。
「塾底辣妹」這個詞很適合妳唷！慶應的。

這裡的「手帕」，指的是過去在早稻田大學棒球隊，以「手帕王子」之名大受歡迎的齋藤佑樹⑭；而「塾底辣妹⑮」則是一部當時正在熱映的電影名稱。令人印象深刻的文案，勾起兩校學生和校友日漸淡去的愛校心和競爭心。

二〇一五年五月在神宮球場進行的早慶戰，吸引許多在校生和校友蜂擁前往觀戰，六萬四千名觀眾將球場擠得水洩不通。儘管五月三十日已確定早稻田大學獲得冠軍，三十一日的比賽已無關勝負，人潮依然絲毫未減。這是繼「手帕王子狂熱」之後

---

⑩全名為慶應義塾大學，是思想家福澤諭吉創立的日本第一所私立大學。慶應義塾大學在田徑項目中經常獲得好成績，因此有「陸之王者」的稱號。

⑪日本首屆一指的私立大學，由前內閣總理大臣大隈重信所創立。校址位於東京都的西北地區，校歌中的第一句歌詞就是「都之西北」，所以有此別稱。

⑫由東京的六所大學棒球部所組成的學生棒球聯盟。這六所大學分別是早稻田大學、慶應義塾大學、明治大學、法政大學、立教大學、東京大學。

⑬在日本的運動賽事中，負責領導觀眾加油助威的團體。

⑭現為日本職棒選手，隸屬於北海道日本火腿鬥士。他因為在比賽中時常自備手帕擦汗，而有「手帕王子」的美名。

⑮一部由真人真事改編的電影，講述原本成績奇差無比的女高中生努力奮發向上，最後考上慶應義塾大學的故事。

的首次盛況。

事實上，這一系列海報出自某位年輕文案企劃的手筆，他在某家大型廣告公司就職的第二年，主動提出這項企劃。他曾經參加慶應義塾大學的應援團，一直希望藉由文字的力量，實現大學時期無法完成的夢想——讓神宮球場座無虛席。他與在學中的應援團成員多次商議後，完成這樣的設計成果。

海報的製作理念是「彼此聲援」，不僅為自己的學校加油，也與對手相互讚揚，充分體現聲援六大學棒球的文化傳承。如果仔細閱讀海報文案，會發現畫面中的雙方並非只是相互較勁，字裡行間還透露彼此的互敬互愛。以結果而言，確實助長彼此的氣勢。

許多運動漫畫裡，主角都有一個命中註定的對手，而正因為對手的存在，主角才能激發潛能，使故事高潮迭起。對手既是必須打敗的對象，也是值得尊敬的人，這一系列海報可以說完美地展現這個概念。

順帶一提，當初的海報預算只有五萬日圓，設計和攝影都是找人義務協助，但結果依然為神宮球場創造連日大爆滿的盛況。因此，文字的力量真是不可思議。

文案⑤從「手帕」後都沒啥表現了嘛，早稻田的。「墊底辣妹」這個詞很適合妳唷，慶應的。

運用強烈且能引起共鳴的字眼，能夠加強文案的渲染力。

案例》超級盃停電，Oreo 餅乾一則推文超越數百萬美金廣告

在推特上發表的短短一句話，竟創造出數億日圓的商機。各位聽過這個故事嗎？二〇一三年二月三日，全美矚目的美式足球嘉年華「超級盃」（Super Bowl）發生一件趣事。巴爾的摩烏鴉隊[16] VS 舊金山四十九人隊[17]的比賽，在紐奧良的梅賽德

[16] 巴爾的摩烏鴉隊（Baltimore Ravens）是美國馬里蘭州巴爾的摩的美式足球隊。

[17] 舊金山四十九人隊（San Francisco 49ers）是美國國家美式足球聯盟的球隊，又稱舊金山淘金者。

斯・賓士超級巨蛋[18]舉行。就在第三節巴爾的摩烏鴉隊以二十一比六領先之際，體育場上方的照明燈突然因停電而熄滅，使比賽意外中斷三十五分鐘。

停電後，眾人都焦急地想著何時才能復電，這時那一句文案出現了。美國餅乾品牌「奧利奧」（Oreo）的官方帳號在推特上發文，對所有煩躁不安的美國人說：「停電嗎？沒問題！」（Power out? No problem.）

這句推文還搭配一張照片，其中有一塊在黑暗中被聚光燈照亮的奧利奧餅乾，旁邊寫著下列這句文案：

即使身處黑暗，你還是可以泡著吃。（YOU CAN STILL DUNK IN THE DARK.）

英文的「dunk」意指浸泡在液體中。在美國，許多人都會將奧利奧餅乾浸泡過牛奶後再吃，因此這句文案的涵義便衍生為：「雖然體育場因停電而陷入黑暗，你還是可以把奧利奧泡進牛奶裡再吃掉。」

在運動項目中，「dunk」讓人聯想到籃球術語「灌籃」。其實在美式足球中，球員為了表現達陣[19]的狂喜，會將球扔中球門橫槓，這也稱為「dunk」。

奧利奧這支抓準時機的廣告，瞬間被網友瘋狂轉載。光是比賽當天，這則推文就被轉發一萬兩千次，還在臉書上獲得兩萬個讚和六千次以上的分享。許多人紛紛留言，讚賞奧利奧這則即時緩解眾人緊張、充滿幽默感的廣告。

在美國，緊要關頭時能以幽默緩和緊張情緒的人，總是被高度評價。這則廣告正好體現這樣的文化。想必有不少人因為這則廣告，拿出家中的奧利奧餅乾泡著牛奶吃，或是特地出門購買吧？

超級盃的廣告時段費用是全球之冠，三十秒就要三八〇萬美元。為了這一天，所有贊助商都會使出渾身解數，耗資上億來製作廣告。然而，奧利奧這一句文案帶來的效益，卻比當時賽事期間的任何一支廣告都要驚人。

奧利奧能如此迅速應對，其中暗藏玄機。在當天超級盃賽事進行時，負責奧利奧行銷的廣告公司監控著一切風吹草動。他們緊盯戰況並伺機而動，如果發生特別狀

⓲ 梅賽德斯．賓士超級巨蛋（Mercedes-Benz Superdome）是一座有七萬兩千個觀眾席的多功能體育館。

⓳ 美式足球中的得分方式之一。當進攻方球員帶球進入對方達陣區，或是在達陣區中接住隊友傳來的球，即為達陣。

況，就會發送即時推文。因此，他們能抓住這次的停電良機，立即製作出廣告。

其實，奧利奧公司也是這次超級盃的電視廣告贊助商。該公司的廣告在比賽第一節結束時，就已經播送完畢。他們耗費龐大的製作費和播放費完成的一部電視廣告，沒有引起任何話題，相反地，幾乎沒有花任何費用的一句推文，卻成為廣受矚目的焦點，帶來遠超過想像的高收益。這樣的結果真是出乎意料。

文案⑥ 即使身處黑暗，你還是可以泡著吃。

在緊繃氣氛下出現的機警文案，不但有助於緩解氣氛，還能留下好印象。

2項基本要素，用字不老套又有創意

我們已看過數個案例，都是利用商品名稱或一句話就讓商品熱賣，創造極大的經濟效益。但是，這樣的一句話究竟該怎麼寫？

我在作者序中提過，「這麼做必定熱銷」的魔法並不存在，但使用強而有力的文字，確實能直擊消費者內心，留下深刻印象。如此一來，他們採取行動、掏錢購買的機率便大幅提升。

強化文字的方法有百百種，請至少注意下列兩個最基本的方法：

①避免老套的文句。
②思考文字的組合。

所謂的「老套」，是指在該領域中經常使用的文案。例如：介紹餐飲店時的「講究製法」、「嚴選食材」、「精緻料理」、「真心款待」、「舒適空間」等；傳達企業經營理念時的「與地方緊密連結」、「顧客第一」、「笑容」、「未來」、「創造」、「革新」等。

關於文字的組合，當文字的使用方式別出心裁，與平常用法截然不同時，會發生化學變化，使文案產生衝擊人心的力量。比如說，前面提到的「不落的蘋果」、「近大之鮪」等，讓我們看見不尋常的文字組合帶來的化學變化。

案例》懷舊甜點從滯銷到回春，全靠2項文案技巧

東京上野阿美橫町商店街裡，座落著一家名叫「二木菓子」的知名點心店。在二次大戰結束後的一九四七年，二木菓子店從占地只有一個紙箱大小起步，如今以阿美橫町為主要據點，在關東地區擁有十幾家分店。

這家點心店的特色在於，即便是別處賣不出去的商品，他們也能善用衝擊人心的海報文字，賦予商品新的價值，使其暢銷熱賣。

執行董事二木英一，在他的著作《為什麼我能用二〇日圓的巧克力蓋起大樓？》中，介紹以下這段真實故事。

某天，二木菓子總店接到合作廠商的委託，希望擴大紅豆甜甜圈的銷路。這項商品的賣點是：「以四十年來未曾改變的講究手法，製作出懷舊風味。」

二木英一試吃一口，發現它確實十分甜膩，充滿手作口感的樸實滋味。然而，如果只用「四十年來從未改變的講究手法」、「懷舊風味甜甜圈」這樣的文案來銷售，這項商品很可能會淹沒在店面中，無法被顧客看見。

這時，一位六十多歲的男性店員突然說：「以前甜點這種東西，可是只有在特別

的日子才能吃到。」於是，二木菓子參考這段話，寫成以下的文案，並製作成宣傳海報：

對現在而言是簡單樸實的滋味，過去卻是極致奢華的享受！

這句文案的內容「大方承認商品的缺點」，並採用「對比」的形式，成為風格獨特的強力文案（請參考第六章）。

在二木菓子所有店鋪都掛上這張宣傳海報之後，除了一家分店之外，其他店鋪的紅豆甜甜圈都迅速銷售一空，因為這段文字成功引起六、七十歲銀髮族的共鳴。二木菓子透過短短一句話，發掘出沉睡在平凡甜點中的嶄新價值，並打中顧客的心。

為何只有一家分店賣得不好呢？因為只有這家店鋪擅自更換海報內容。當時店員收到總店的海報，認為文案不夠有張力，便自做主張改為「讓過去樸實懷舊的滋味，成為今昔不變的奢華享受」。即使內容幾乎相同，卻變成經常看見的老套說詞，所以無法打中高齡顧客的心，讓他們產生共鳴。

該分店換回原本的宣傳海報之後，紅豆甜甜圈便開始飛快熱銷。

文案⑦ 對現在而言是簡單樸實的滋味，過去卻是極致奢華的享受！

誠實的文案能獲得顧客信賴，運用對比的技巧，更讓人過目不忘。

不想商品被錯過，要讓對方覺得與自己有關

想藉由一句文案創造熱銷，請先有意識地使用能衝擊人心的文字，接著思考：要進一步打動對方、寫出一句熱賣的文案，該怎麼做呢？

試著回想你一天的行程，你的大腦一天內究竟接收多少資訊？

早上起床後，從電視新聞和節目中獲得資訊；一邊吃早餐，一邊閱讀報紙刊載的內容；妻子與你商量孩子升學的事情。步行前往車站，沿路看見各類招牌；在電車上滑手機時，看到朋友在推特、臉書等社群網站分享的貼文；車廂內、電子數位看板上展示各式各樣的廣告。到公司打開電腦後，瀏覽附加在電子郵件裡的檔案；出席會議時，聽到大家的發言，閱讀發放的資料。出去跑業務前，研讀新商品資料，並上網查詢客戶資訊等。你每天接收的資訊可說是不勝枚舉。

當世界進入網路時代，智慧型手機的普及、社群網站的滲透，使我們接收的資訊量以幾百倍、幾千倍的速度大幅增加。據說，我們現在一天內所獲得的資訊量，是江戶時代人們一生的份量。

我們不可能記住這麼多資訊，即使接收資訊，大部分都會被腦袋自動篩選或略過。即便是我們親手寫下的企劃書、廣告傳單、海報、電子郵件，或者在跑業務、做簡報或開會時提出的發言，都可能被自己拋諸腦後。

究竟該怎麼做，才能讓文章和發言不被忽略呢？有一個原則簡單卻很重要，與文案渲染力密切相關，那就是讓對方產生關聯感。

這個原則太過理所當然，讓你大失所望嗎？人類對於和自己有關的資訊，總是會豎耳傾聽。相反地，若認為資訊與自己無關，大腦就瞬間過濾，不會留下任何印象。當人們身處資訊量暴增的網路時代，這個傾向更明顯。

想傳達某個資訊時，必須先讓對方認為「這件事和我有關」。銷售商品時也一樣，若對方覺得商品與自己無關，就不會產生購買欲望。

讓對方產生關聯感的關鍵，就是本書強調的文案力。文案力指的是找出使對方產生共鳴的文字，簡單且精準地表達，並打中對方內心的能力。這個能力大致分成兩個面向：找出使對方產生共鳴的文字；簡單且精準地表達。

在廣告業界，人們將前者稱為「說什麼」，後者則是「如何說」。一般而言，我們比較容易將焦點放在如何說，但其實說什麼也非常重要。由於市面上已經有許多教授如何說的書籍，本書將著重於說什麼的部分。請各位先思考一下，該說些什麼，才能讓對方產生關聯感。

要「說什麼」？5W方法讓對方產生共鳴

該說些什麼，人們才會產生關聯感呢？

首先，最簡單的方法是「告知新鮮事」。人都有好奇心，未知的資訊能滿足這樣的好奇心，就結果而言，很容易產生關聯感。

第二，提示可獲得的好處。人對得失很敏感，只要可能獲得好處，就會想進一步瞭解。

第三，刺激欲望。人類充滿各式各樣的欲望，從本能的欲望到社會性的欲望都有。一旦欲望受到資訊刺激，目光自然會被吸引。

第四，點出煩惱，針對煩惱煽動不安，再溫柔地威脅。人類不擅長處理恐慌和不安的情緒，一旦湧現恐慌與不安，便會坐立難安，只要看見可能緩解這些情緒的資訊，就無法視若無睹。然而，過於強烈的脅迫會造成反效果，「溫柔的威脅」才是關鍵。

第五，以信用進行銷售。人們對於信任的對象，總是無條件認真傾聽。

讓對方產生關聯感的5W：

①告知新鮮事。
②提示可獲得的好處。
③刺激欲望。
④點出煩惱，針對煩惱煽動不安，再溫柔地威脅。
⑤以信用進行銷售。

只要運用以上這5W，就能讓人們產生關聯感，認真聆聽你想傳達的資訊。換句話說，銷售商品時，可以藉此提高對方的購買率。在本書的第一到第五章，我將引用各種實際暢銷案例，來解說這5W。

該「如何說」？10H技巧讓對方豎耳傾聽

決定說什麼之後，接下來思考如何說。

現代社會宛如澀谷車站前的十字路口[20]，眾多行人摩肩接踵，資訊不斷被瘋狂轉發、分享，一句普通的搭話無法讓對方為你停下腳步。因此，我們必須思考該如何說，才能讓對方駐足停留。這時候，文案力就派上用場。

我從眾多流派中，濃縮出十項如何說的技巧。你只要這麼做，就能讓人們停下腳步、聽你說話。本書第六章將提出具體案例，進行解說。

讓對方停下腳步的10H：

[20] 日本最大規模的十字路口，一整天的通行人次據說超過五十萬。

①鎖定對象。
②善用提問技巧。
③精鍊文字、扼要傳達。
④運用對比與舊詞新用。
⑤藉由誇飾創造娛樂效果。
⑥隱藏部分資訊。
⑦使用數字與排行榜。
⑧善用比喻。
⑨述說違反常理的事。
⑩真心誠意地請託。

將說什麼的方法與如何說的技巧搭配使用，一定能發揮極佳功效。各位讀完本書後，請務必運用5W10H，試著為自家商品寫出獨一無二的宣傳文案。

重點整理

1. 使用衝擊人心的文字，能讓人留下深刻印象。強化文字有兩個最基本的方法：避免老套的文句、思考文字的組合。
2. 文案力是指找出使對方產生共鳴的文字，簡單且精準地表達，並打中對方內心的能力。
3. 運用以下五個方法，能讓對方產生關聯感：告知新鮮事、提示可獲得的好處、刺激欲望、點出煩惱再溫柔地威脅、以信用進行銷售。
4. 搭配十個如何說的技巧，就能讓文案發揮吸睛效果。

編輯部整理

第一章

賈伯斯如何用一句話說出產品故事？

人們為何渴望新資訊？因為「腦內多巴胺」在作祟

簡單地說，新鮮事就是新資訊。新資訊不僅具有價值，還能吸引目光，因為人類大腦在接收新資訊時，會產生愉悅感。我們明明不需要新資訊也能安穩度日，但仍然樂於汲取電視、報紙、網路上的新鮮事，也是基於這個道理。

舉例來說，只要看見新商品，就忍不住伸手去拿；得知一項新服務，就想要嘗試。此外，在書店裡，新書總是擺在最醒目的位置，儘管文學經典和長銷書可能比新書更有閱讀價值，但人們的目光還是會被新書吸引。

不過，對於新鮮事的渴望是因人而異，有些人喜歡獲取新資訊和刺激，有些人則傾向規避未知的挑戰和風險。據說，這兩者的差異是由腦內多巴胺[21]的多寡來決定，而此多寡取決於遺傳基因。一般來說，腦內的多巴胺含量越多，越容易對新事物感興趣。

案例》一句文案的始祖，是由300年前的三越百貨開始

各位知道日本最早的熱賣文案是什麼嗎？它是一六八三年，在江戶市[22]廣為發送的「引札」（相當於現代的廣告傳單）中的一句話：

現金廉售，言無二價（現金交易不二價）。

發送這些廣告傳單的，是富商三井家的創始人三井高利（別稱八郎兵衛）。三井高利原本在伊勢松阪[23]經商，在一六七三年（他五十二歲）時前往江戶發展。他將

㉑多巴胺（dopamine）是一種腦內分泌物，屬於神經遞質，會影響一個人的情緒。它具有傳遞快樂、興奮情緒的功能，又被稱作「快樂物質」。

㉒東京都的舊稱，尤指江戶時代的東京。

㉓現在的日本三重縣松阪市。江戶時代，此處是以「伊勢商人」聞名的商業城市。

舊店鋪交給兒子三井高平，自己在江戶本町開設一家名為「越後屋」的和服店。

越後屋以「現金廉售」這種劃時代的經營模式，創造出豐碩成果，但是被同業嫉妒，受到競爭對手陰險的迫害，於是三井高利不得不將店鋪遷往駿河町二丁目[24]，重新開業。此時，以「越後屋八郎右衛門」名義發送的引札，寫著「現金廉售，言無二價」這句文案。

引札的內容翻譯成現代的文字如下：

駿河町越後屋八郎右衛門謹此奉告：此次我反覆思量創新的做法，決定將所有和服衣料特價售出，敬請光臨選購。我不會到任何顧客家進行推銷。由於本店商品不二價，即使是一分錢也不虛報，因此倘若您要砍價，恕無法給予折扣。此外，敬請您以現金支付，凡以賒帳付款者，均礙難照辦。

和服衣料「現金廉售，言無二價」
駿河町二丁目　越後屋八郎右衛門

據說，越後屋發送超過五萬份引札（那時候江戶人口約有五十萬人），在當時引發熱議。為何這個做法造成如此大的風潮呢？

文案⑧ 現金廉售，言無二價。

將劃時代的「經營模式」當作新鮮事來販售，成功引起顧客的興趣。

那時代說「現金交易不二價」，本身就是賣點

從現代的商業慣例來看，現金交易不二價是理所當然的銷售方法，但那時候，這不僅是劃時代的做法，也是一句充滿衝擊力的文案。

㉔ 位於現今東京都日本橋室町一丁目和二丁目的道路兩側，該和服店的店址即是三井住友銀行的前身。

當時和服店的銷售方法，主要是由店家帶著商品，到住家進行上門推銷，或顧客事前訂製。商品的付款方式，一般都是讓顧客暫時賒欠，在盂蘭盆節[25]和年終時才收款。

一般和服店為了降低手續費及管理經營風險，而且銷售對象以富裕商家、大名[26]、上級武士等特權階級為主，因此商品的定價比原價高很多。然而，越後屋實行店鋪銷售，確立現金交易不二價的方式，以便宜的價格進行販售，開拓一般居民取向的全新客群。

在序章中，我提及撰寫文案的最大原則，是讓對方產生關聯感。對於一般居民來說，「過去完全買不起的高級和服，現在變得唾手可得」的消息，自然讓他們產生關聯感。

這份引札更進一步傳達越後屋的強烈決心，也就是即使遭受同業施壓，今後仍將持續這樣的經營模式。根據三井事業史的記載，越後屋發送這份引札之後，營業額在幾個月內提升六〇%，可說是名符其實的狂銷熱賣。其他原本堅決反對「現金廉售，言無二價」的和服店，看到越後屋的高人氣後，也不得不採取這種銷售方法。

之後，三井高利跨足金融業，成為富商三井家的創始人。這便是日後的三井財團前身，順帶一提，越後屋就是日後的三越百貨公司。

在《日本永代藏[27]》一書中，作者井原西鶴塑造一位以三井高利為原型的男主角，盛讚他是大商人的典範。

那時候，即便放眼全世界，「現金廉售，言無二價」這個方法也是史無前例。越後屋販售劃時代的新鮮事，成功創造熱賣。因此，劃時代的商品或服務本身，就是最佳賣點。

案例》蘋果不是賣產品，而是用力賣話題

二〇一五年四月二十四日在日本發售的蘋果智慧錶（Apple Watch），迅速成為話題，造成一股轟動熱潮。三星（Samsung）、索尼（Sony）等公司也販售類似的智

㉕日本傳統節日，類似台灣的中元節。

㉖日本封建時代對擁有強大武力及大片領地領主的稱呼。

㉗日本江戶時代作家井原西鶴的作品，內容以金錢為主題，描繪當時各種商人的經商故事。

慧手錶（Smart Watch），卻沒有引起太大的迴響。它們的差別究竟在哪裡？

蘋果公司販售的是「新鮮事」，而其他公司販售的則是產品本身。蘋果智慧錶的文案是「重新創造手錶的價值」，相較之下，其他公司的文案顯得缺少新鮮感。

這種「銷售新鮮事，而非產品本身」的手法，是由已故的蘋果執行長史蒂夫．賈伯斯所建立。過去，蘋果公司一旦推出新產品，就會大規模地舉行發表會，並由賈伯斯本人進行簡報。在發表會上以一句文案傳達新鮮事，是賈伯斯的拿手絕活。

以下三句話，分別是賈伯斯在 iPod、iPhone 和 MacBook Air 的發表會上使用的文案：

將一千首歌曲裝進你的口袋。
蘋果將重新發明手機。
全世界最薄的筆記型電腦。

這些文案即使原封不動地放入網路新聞或報紙的標題，也十分具有話題性。它們不僅點燃發表會現場人們的狂熱情緒，甚至創造出全球話題，讓世界各地的蘋果粉絲產生立刻擁有產品的欲望。

因為這些文案，全世界的蘋果專賣店前都大排長龍，上述系列商品都爆發暢銷熱潮。

文案⑨ 將一千首歌曲裝進你的口袋。蘋果將重新發明手機。全世界最薄的筆記型電腦。

即便是市面上已有的商品，也能以嶄新的文案包裝成新鮮事來銷售。

案例》關西歷史最久的遊樂園，起死回生的秘密是……

有一家老字號的遊樂園，透過不斷銷售新鮮事，使近幾年的入園人數從萎靡不振，到急速回復成長，它就是「枚方遊樂園」（Hirakata Park）。

枚方遊樂園位於大阪和京都中間的大阪府枚方市，在一九一〇年創立，是全日本歷史第二悠久的遊樂園，僅次於東京「淺草花屋敷[28]」。

這座遊樂園是由民營鐵路公司「京阪電氣鐵道」的子公司所經營，自一九九六年起，正式使用「HiraPa」這個簡稱，持續企劃許多引人注目的廣告活動。

然而，由於少子化、休閒娛樂多樣化等因素，HiraPa 的入園人數從一九七四年極盛時期的一百六十萬人次，開始逐年下滑。加上二〇〇一年日本環球影城（Universal Studios Japan，簡稱ＵＳＪ）在大阪市設立，HiraPa 更是輸得一敗塗地。當許多關西老字號遊樂園都面臨倒閉之際，HiraPa 即使持續呈現赤字，仍想盡辦法死命苦撐。

HiraPa 從二〇〇九年開始，雇用搞笑藝人「黑色美乃滋」的成員小杉龍一，當形象代言人「HiraPa 哥」，引起話題。二〇一〇年舉辦「HiraPa 哥選拔」，小杉龍一和他的搭檔吉田敬共同角逐代言人的位置，更成為鎂光燈焦點。由於這一系列的活動企劃，低年齡層的遊客人數大幅增加，遊樂園的營收開始出現盈餘。

二〇一三年三月，小杉龍一宣布卸下 HiraPa 哥一職，成為關西地區的熱門新聞。所有人都在關注，下任 HiraPa 哥會是誰？事前群眾預測，下任 HiraPa 哥肯定還是搞笑藝人。結果同年四月，HiraPa 顛覆眾人的猜想，發表一個極具衝擊性的消息：下一任 HiraPa 哥，是由傑尼斯人氣團體「Ｖ６」成員岡田准一接任！

岡田准一在枚方市出生。據說 HiraPa 的廣告製作人聽聞他「小時候常去 HiraPa 玩」，便直接寫信說服他擔任 HiraPa 的形象代言人。

而且，遊樂園官方海報上的岡田准一，更是和他平時帥氣的形象完全相反。在海報中，他穿著昭和時代漫才[29]表演者風格的服裝，一旁寫著以下這段文案：

枚方出生、枚方長大。
吾乃 HiraPa 哥是也！
第二代 HiraPa 哥，岡田准一。

這段文字的口吻，像極了笑福亭鶴光[30]過去在廣播節目「All Night Nippon」

[28] 位於東京淺草，於一八五三年創立，是日本歷史最悠久的遊樂園。
[29] 日本的一種喜劇演出形式，多由兩人共同演出，其中一人負責裝傻耍笨，另一人負責嚴肅找碴，內容經常以諧音字和雙關語來設計橋段，引人發噱，類似中國的對口相聲。
[30] 知名的上方落語家，主要以大阪和京都方言為中心的日本傳統表演藝術家，曾主持廣播節目「All Night Nippon」，該節目於一九六七年開播，十年間話題從未退燒，是具代表性的深夜廣播節目。

中，向聽眾問候時說的話。在電視廣告中，岡田准一穿著胸前印有「枚方」字樣的運動外套，操著一口濃厚的大阪腔擔任代言人，深具衝擊性。

這件新鮮事的影響力非常驚人。在岡田准一就任訊息發表的那一瞬間，HiraPa 官方推特的追蹤人數一口氣飆升十倍，官方網站創下一天三千人次的點閱紀錄，伺服器甚至當機。

在岡田准一擔任代言人的二〇一三年，遊客數比上一年度增加一萬人。這個數字之所以驚人，是因為 HiraPa 前一年耗費許多心力，舉辦一百週年紀念活動，而這一年只是更換形象代言人，就引發如此巨大的效果。藉由「岡田效應」，HiraPa 吸引關西以外地區的眾多遊客慕名前來。

二〇一四年，也就是岡田准一擔任 HiraPa 哥的第二年，園方追加「園長」這個新頭銜，而且宣布：「若入園遊客未達一百萬人，岡田准一就要同時卸下園長和 HiraPa 哥的職務！」HiraPa 藉由置入戲劇性的新鮮事，徹底挑動粉絲支持偶像的心。

同時，岡田准一持續他的演藝事業，主演ＮＨＫ大河劇《軍師官兵衛》、電影《永遠的零》等當紅作品，發揮加乘效果，使得入園人數輕鬆突破一百萬大關。和前一年相比，遊客數不僅出現高達九萬人次的大幅成長，周邊商品也大為熱銷。

就這樣，HiraPa 透過銷售新鮮事，成功讓瀕臨倒閉的遊樂園起死回生。

文案⑩ 枚方出生、枚方長大。吾乃 HiraPa 哥是也！第二代 HiraPa 哥，岡田准一。

使用與原本形象截然不同的宣傳技巧，帶給顧客新奇感。

耶穌不只是傳道者，更是成功的話題人物

在遙遠的兩千年前，也有一個因銷售新鮮事而大獲成功的故事。

一九二四年，廣告公司總裁布魯斯．巴頓（Bruce Barton）以耶穌基督為題材，撰寫而成的《無人知曉的男人》（*The Man Nobody Knows*），成為暢銷書。

巴頓在書中闡述，耶穌並非宗教家，而是優秀的廣告人。這本書出版時，受到宗教界的嚴厲批判和非議，認為這是在褻瀆耶穌。以下是書中描述的一段故事。

作者巴頓在少年時期，非常討厭週日到教堂做禮拜。即使大人要他敬愛耶穌，但他看著耶穌被釘在十字架上孱弱不堪的肖像畫，始終無法感受到絲毫魅力。

巴頓長大成人後，以文案企劃的身分聲名大噪，並當上廣告公司總裁。此時，他突然對耶穌感到有興趣，於是拋下成見，重新閱讀《聖經》，並寫下耶穌的相關故事。書中的耶穌是商業天才，不僅在推銷、廣告、宣傳及文案企劃方面，擁有優秀造詣，而且朝氣蓬勃，充滿正向能量。

巴頓在書中說明，耶穌之所以能夠迅速地佈達教義，是因為他深知「好廣告必須具備新鮮話題」。

根據《聖經》記載，耶穌和他的門徒展開佈道之旅，他們到訪各地後引發的事件和言行，都是人們過去始料未及的，因此成為口耳相傳的新鮮事，迅速地散布至他們尚未到訪之地。

巴頓寫道，若將《聖經》中記載的事件寫成報紙標題，其呈現方式如下：

耶穌成功治癒癱瘓患者。

拿撒勒[31]的耶穌，主張人有被赦免的權利。

知名律師群起抗議。

地方權勢人士稱：「這是對神的褻瀆！」

痊癒之人：「無論如何，我已經能夠行走。」

耶穌的行動一再創造這樣的新鮮事。凡是聽聞這些事的人，都會忍不住告訴其他人。就這樣一傳十，十傳百，即使是不曾見過耶穌的人，也都開始熟知耶穌。

---

31 拿撒勒（Nazareth）位於以色列北部區，是耶穌的故鄉。

話題得無中生有？不！舊聞換個角度說也能耳目一新

即使不是新商品，也能創造改變顧客價值觀的新鮮事。讓我們看看美國老字號食品製造商「亨氏」（Heinz）的案例吧！

案例》亨氏蕃茄醬將「倒不出來」的弱點變賣點！

亨氏是亨利・約翰・亨氏（Henry John Heinz）創立的公司，自一八七六年開始販售蕃茄醬。當年，在劣質品當道的蕃茄醬業界，亨氏以不使用防腐劑的製造方式，獲得廣大支持。

一九〇六年，美國《純淨食品和藥品法》實施之後，在食品中混雜不純物質的行為受到規範，許多製造商陸續退出蕃茄醬市場，亨氏便藉由蕃茄醬，成為擁有壓倒性市佔率的頂尖企業。

第二次世界大戰後，速食普及使蕃茄醬的需求量大幅提升，於是一九六〇年代出現的台爾蒙[32]、漢斯[33]等食品公司急起直追，亨氏的市佔率開始急速下滑。

當時的蕃茄醬是玻璃瓶包裝。亨氏蕃茄醬的水份較少，使用者必須將瓶子倒置並敲打瓶底，才能勉強倒出殘餘的蕃茄醬，因此有難以食用的缺點。其他公司的蕃茄醬水份較多，能夠簡單地倒出食用。於是，他們緊咬住亨氏的這項缺點不放，企圖拉攏顧客。

如果想去除這項缺點，只能改變蕃茄醬的成份，製作成比較容易食用的液狀蕃茄醬。然而，這麼做會打破亨氏一直以來的堅持，因此他們並未採取這樣的策略。後來，亨氏僅僅提出一個概念，就扭轉了顧客的價值觀：

[32] 台爾蒙（Del Monte）是美國的食品製造及經銷公司，總公司位於舊金山。
[33] 漢斯（Hunt's）是美國的食品製造公司，以販售蕃茄食品為主，總公司位於塞凡堡。

亨氏蕃茄醬的濃郁滋味，難以從瓶中取出。

亨氏以這個概念為基礎，製作數則電視及雜誌廣告。其中一支「蕃茄醬競賽」的電視廣告內容如下：在這場競賽中，要比較出哪家的蕃茄醬最快從玻璃瓶中流出。亨氏與其他競爭對手的蕃茄醬玻璃瓶一起倒放，一旁還有轉播員描述實況。最後，競爭對手的蕃茄醬很快便全部流出，亨氏毫無意外地吃下敗仗。然而，這是因為亨氏蕃茄醬滋味濃郁，所以輸了比賽。

透過一句文案，以及視覺效果令人印象深刻的廣告，讓過去因為亨氏蕃茄醬倒不出來而感到焦慮的顧客，開始改變想法，認為「這是因為亨氏蕃茄醬的滋味濃郁」。原本的最大弱點，如今成為亨氏最大的魅力。亨氏利用這句文案，成功奪回市佔率。

和各位分享另一個跟蕃茄醬有關的趣聞。

日本足球代表隊選手本田圭佑，曾在比賽一直無法得分時，說過一句名言：「某位前鋒說過，射門就像擠蕃茄醬，有時不論怎麼擠都擠不出來，但有時一擠就全倒出來了。」這個說法就像是描述亨氏蕃茄醬給人的印象。

其實最早說出這句話的人，是荷蘭足球選手路德・范尼斯特魯伊（Ruud van Nistelrooy）。當時，與他同屬皇家馬德里足球俱樂部的隊友岡薩洛・伊瓜因（Gonzalo Higuaín）正值球運不順之際，路德告訴他：「射門就像是擠蕃茄醬一樣，別放在心上。」

結果，這句話成為本田圭佑的名言，被人們津津樂道。引用其他人的言論，而此言論成為引用者的經典語錄，是十分常見的情況。

文案⑪　亨氏蕃茄醬的濃郁滋味，難以從瓶中取出。

即便是舊商品，也能運用新鮮感十足的文案，贏過新商品。

舊商品只要加入3要素，就能創造新鮮感

只要在文案中加入特定文字，就能變成前所未有的新鮮事，而創造熱銷。比如

說，使用「世界首創」、「日本首例」、「業界首見」等強調「第一次」的字眼，或是「新發售」、「新登場」等包含「新」這個字的詞彙。

即使不是新商品也沒關係。舉凡現有商品的改良、嶄新的用法或吃法等，都能讓人感到新奇。此外，組合以下介紹的用詞並加以活用，便能向顧客傳達新鮮感。

請參考以下三點：

①加入年、月、日、時、星期等元素，例如：

- 十二月二十二日，新一代「ALTO」車款問世。
- 這樣做最安心：二〇一六年花粉症對策。
- 半價特別優惠，只到九月十五日。
- 星期五「The PREMIUM MALT'S㉞」啤酒日！

②加入「終於」、「總算」、「眾所期盼」、「萬眾矚目」等具有「許多人引頸盼望」涵義的文字，例如：

- 終於！大學考古題也可以用APP閱讀了。

- 萬眾矚目的雙前輪機車[35]，強勢推出！
- 總算解禁！石川縣產松葉蟹上市。
- 萬眾期盼！札幌「極ZERO」啤酒整裝上架。

③在宣傳文字前，加入「發表」、「公開」、「宣言」等詞彙，例如：

- 新商品發表：今年春天最暢銷的化妝品。
- 公開私房秘技：讓你的商品用一句話就熱賣。
- 健康宣言：今天起，本公司食品完全不添加化學調味料。

案例》書店宣稱「不擺暢銷書」，違反常識更受注目

還有一種創造新鮮事的技巧，那就是「以強勢主張，宣告違反常識的概念」。

[34] 日本三得利企業的啤酒品牌。

[35] 前面兩個輪子、後面一個輪子的機車。相對於傳統的兩輪機車，三輪形成三角穩定結構，安全性、抓地性能和穩定性較高，能適應濕滑、崎嶇的路面，並且大幅縮短制動距離。

大阪有一家名為「STANDARD BOOKSTORE」的書店，非常受歡迎。除了心齋橋本店之外，在梅田茶屋町、阿倍野都設有分店。

心齋橋本店共有一樓和地下一樓兩層，店面整體營造出非常舒適的空間。一樓佔地約一百坪，地下一樓則約一百七十坪，其中有四十坪是咖啡廳。店內設計以木製書架、木質地板及高雅地毯為主，採用帶給人溫馨和舒適感的照明設備，與一般書店的氛圍大異其趣。此外，商品架上陳列著文具、雜貨、服飾、包包、自行車和廚房用品、食品等商品，與書本巧妙融合，絲毫沒有格格不入的感覺。

顧客可以將未結帳的書帶到地下一樓的咖啡廳閱讀，而咖啡廳提供許多健康料理。此外，這裡時常舉行各式各樣的活動，可說是當地人的重要交流據點。

二〇〇六年，這家書店重新開幕時，負責人中川和彥在地下鐵心齋橋站張貼廣告，其中的一句文案，讓 STANDARD BOOKSTORE 的知名度瞬間暴增：

雖然是書店，但不賣暢銷書。

如果當時實際造訪 STANDARD BOOKSTORE 的官方網站，可以在酒紅色的網頁上，看到這句以白色粗體字標示的文案。

一般書店都會將暢銷書陳列在店鋪中最顯眼的位置，但 STANDARD BOOKSTORE 以「不陳列暢銷書」這種違背常識的宣言，在許多人心中留下深刻印象，令顧客紛至沓來。現在依舊有許多關於 STANDARD BOOKSTORE 的報導，不斷介紹這句文案，因為它能讓人們充分理解這是什麼樣的書店。

其實，STANDARD BOOKSTORE 也擺放暢銷書。不賣暢銷書並非不陳列，而是想表達：「我們陳列本書，並不是因為它暢銷。」這樣強勢的宣言讓人感到新奇，於是成功吸引眾人目光。

文案⑫ 雖然是書店，但不賣暢銷書。

違背常識的宣言，能帶給人新鮮感，進而吸引目光。

儘管如此，有時完全找不到足以構成新鮮事的元素，這時你可以自行創造。前面介紹過越後屋「現金廉售，言無二價」的例子，其實江戶時代還有一句文案至今仍廣為流傳，那就是：

案例》看了這句話就想吃鰻魚，幫店家淡季轉旺季

本日是土用丑日。

這句話就是日本每逢七月下旬的酷暑時節，人們會在「土用丑日」這天食用鰻魚的習俗由來。

吃鰻魚的習俗緣由眾說紛紜，比較廣為人知的說法，是幕府末期的天才學者平賀源內所撰寫的文案。據說，由於鰻魚的產季是冬天，夏季的鰻魚風味不佳，因此每到夏天，鰻魚店便門可羅雀。於是，某家鰻魚店的老闆求助於平賀源內：「能不能替我們想想辦法？」

有一天，平賀源內在鰻魚店外頭貼了張紙，上面寫著：「本日是土用丑日。」沒

想到，這個小小的舉動引來大量顧客，鰻魚店的生意好得令人瞠目結舌。不久後，該店廣受好評的消息在江戶流傳開來，許多鰻魚店爭相仿照平賀源內的做法。結果，在土用丑日食用鰻魚的習慣，就此傳遍整個日本。

所謂的「土用」，是指立春、立夏、立秋、立冬等四季交替前的十八天。「丑日」是指十二地支中的第二順位「丑」，而一年以十二天為週期，劃分出十二地支。由於夏季的土用時期暑氣逼人，人們容易感到疲倦，因此自古以來就有「食用補氣養精之物」的習慣，而鰻魚是其中的代表食物。在《萬葉集[36]》中，也記載著大伴家持[37]的這段詩歌：「若因暑熱體瘦，就捕條鰻魚來吃吧！」此外，過去的日本人相信，在丑日（u-shi-no-hi）食用「u」字開頭的食物，就不會生病，而這兩者之間的交集，就是鰻魚（u-na-gi）。

這句文案的絕妙之處在於，只寫出「本日是土用丑日」，省略「所以要吃鰻魚」

---

[36] 現存最早的日本詩歌總集，收錄第四至第八世紀共四千五百多首詩歌。

[37] 日本奈良時代的政治家及歌人，出身貴族，曾任各種重要官職。他一生在官場浮浮沉沉，卻在文壇富有盛名，並參與編撰《萬葉集》，在日本文學史裡影響甚鉅。

這句話，讓顧客看見這句文案後，自動產生「想吃鰻魚」的想法。

平賀源內僅以七個字便創造出新鮮事，讓日本人每逢夏季就產生吃鰻魚的念頭。

文案⑬ 本日是土用丑日。

結合地方風俗習慣的文字，讓對方主動產生聯想，進而採取消費行動。

案例》情人節贈送巧克力，源自勇敢告白的文案

還有一個案例運用「本日是土用丑日」這句文案的手法，創造出新鮮事，效果流傳至今，那就是「日式情人節」。

最初，西洋情人節（Valentine's Day）的名稱，源自於三世紀羅馬一位基督教修士的名字「華倫泰」（Valentine）。當時的羅馬皇帝以軍人士氣低落為由，明令禁止士兵結婚。然而，華倫泰卻違逆命令，秘密為相愛的男女證婚，最後在二月十四日被

處死。據說，這就是情人節的由來。

即使到了現代，歐美各國仍有在情人節互贈卡片的習慣，只是沒有「女性主動表白之日」的涵義，而且和巧克力沒有關係。

關於日式情人節的起源有很多種說法，其中一種是「瑪琍巧克力」（Mary Chocolate）提倡「女性主動送禮給男性」。根據瑪琍巧克力的官方網站資訊，該公司在一九五八年聽聞西洋情人節的習俗後，便在百貨公司首次舉辦情人節特賣活動，但銷售成果並不理想。整整三天的特賣活動，只賣出三片五〇日圓的巧克力、一張二〇日圓的卡片，營業額僅有一七〇日圓。

但瑪琍巧克力並不氣餒，隔年再度挑戰，配合情人節的概念，將巧克力做成愛心形狀，並提供特別服務，讓顧客在巧克力上寫下贈與人和贈送對象的名字，同時加上這一句文案：

一年當中的今天，由女性向男性勇敢告白！

那個年代，女性主動告白很罕見，這句文案引發大眾熱烈關注。大型甜點公司紛紛搭上這股熱潮，週刊雜誌也撰寫特別報導。一九七〇年代前半，這個習慣在小學到高中女生之間，爆發流行風潮。

在那之後，日本特有的「白色情人節」（White Day）突然興起。

據說，這個節日最早源自於福岡的老字號點心店「石村萬盛堂」，他們以情人節的回禮作為行銷概念，販賣白色棉花糖，所以命名為「白色情人節」。之後，日本全國糖果工會明定：三月十四日是致贈糖果日。該協會經過兩年的準備期，在一九八〇年三月十四日首次舉辦白色情人節活動。銀座三越百貨公司內舉行的糖果展銷會，以「回應愛意的白色之日」作為促銷文案，熱烈展開。

之後耗費將近十年的時光，白色情人節的習慣終於根植日本。從一九八〇年開始經過三十五年，白色情人節在二〇一四年已開拓出七三〇億日圓的市場規模。儘管與同年西洋情人節一〇八〇億日圓的規模相比，七三〇億日圓似乎不足掛齒，但仍是很可觀的一大商機。

如今韓國、中國和台灣等東亞各國，也以各種不同的方式，慶祝著日式情人節與白色情人節。

文案⑭　一年當中的今天，由女性向男性勇敢告白！

企業的文案若有足夠渲染力，甚至能改變社會風俗，根植所有人的內心。

重點整理

1. 人類大腦在接收新資訊時，會產生愉悅感，因此提供新鮮事，能有效達到宣傳的效果。
2. 即使不是新商品，也能創造改變顧客價值觀的新鮮事。
3. 使用「世界首創」、「日本首例」、「業界首見」等強調「第一次」的字眼，或是「新發售」、「新登場」等包含「新」字的詞彙，就能創造新鮮事。

編輯部整理

NOTE

第二章

減肥書如何用一句話，強調快又簡單？

顧客對商品感興趣，是因為看到有利可圖

本章要介紹「讓顧客產生關聯感」的第二個方法——提示可獲得的好處。一旦人們認為資訊對自己有利或是有好處，自然會想要認真閱讀或聆聽。

案例》錄音筆的目標客群，不是商務人士!?

一般人都認為，在會議、採訪時使用的錄音筆，是商務人士的專用配備。實際瀏覽各家錄音筆製造商的網站，會發現多半使用西裝筆挺的上班族照片，進行視覺設計。但有一家公司，卻鎖定職業婦女銷售錄音筆，結果成功造成狂銷熱潮，那就是「Japanet TAKATA」。

Japanet TAKATA 總公司位於日本長崎縣佐世保市，最初透過電視購物銷售家電而急速成長，創辦人兼前任社長高田明，以精神抖擻的主持風格讓公司一舉成名。他希望藉由電視購物，將錄音筆賣給職業婦女，那麼他運用什麼樣的銷售話術呢？請各位站在職業婦女的立場，聽聽他這段話吧！

各位媽媽還在公司努力工作時，孩子已經放學回家了吧？看見媽媽不在家的孩子，肯定感到非常寂寞。不過，如果用錄音筆錄下這樣的訊息，您覺得如何呢？

「寶貝，放學回來啦。媽媽還在公司，冰箱裡有點心，餓的話可以吃。作業要早點寫完喔。」

如何？孩子聽見媽媽的聲音，一定很開心，不會那麼寂寞了吧？

當你站在職業婦女的立場思考，聽到這樣的話術時，肯定會想：「原來錄音筆還可以這樣用啊！」事實上，這段節目播出之後，立刻引發熱烈迴響，使錄音筆熱賣。

通常廠商銷售這類商品時，會強調錄音時間、聲音清晰度等功能和規格，但顧客在意的是，購買這個商品，能為自己的生活帶來什麼好處。

現在，Japanet TAKATA 以銀髮族為目標客群，銷售這款錄音筆。針對變得健忘的銀髮族，Japanet TAKATA 提出的企劃概念是：「只要事先把重要的事錄在錄音筆中，就可以預防健忘帶來的麻煩！」這個新穎的概念，讓過去認為自己不需要錄音筆的銀髮族，也突然爭相購買。

還記得本書一再陳述的文案原則嗎？那就是讓大眾產生關聯感。Japanet TAKATA 能成功將錄音筆販售給職業婦女和銀髮族，正是因為讓他們察覺到商品與自己有關。

文案⑮ 孩子聽見媽媽的聲音，一定很開心，不會那麼寂寞了吧？

即便是顧客過去認為自己用不到的商品，也能藉由新穎的概念，成功開發新客群。

案例》點出高湯包的美味與快速，讓人一吃成主顧

在東京六本木的東京中城[38]地下街，以及大阪梅田的 GRAND FRONT OSAKA 地

下街，都有一家總是擠滿女性顧客的食品店。

即使是平日的白天，結帳櫃檯也總是大排長龍。造成排隊人龍的人氣商品，是一款茶包狀的高湯包，其中裝有將烤飛魚、柴魚片、真昆布、沙丁脂眼鯡魚及海鹽，研磨而成的粉末。儘管這款高湯包價格不菲，依然造成瘋狂熱賣。這家店就是以「茅乃舍高湯包」遠近馳名的「久原本家・茅乃舍」。

久原本家集團位於福岡縣糟屋郡久山町（當時為久原村），過去以釀造傳統醬油起家，後來承接食品公司的發包，製造拉麵湯頭、煎餃醬汁、食物淋醬等商品。儘管成功提高營業額，但承包其他公司的業務無法打造自家的品牌形象。久原本家認為這種做法不是長久之計，於是耗資四億日圓進行大規模轉型，在二〇〇五年創立「天然美食餐廳茅乃舍」。

該餐廳的招牌鍋物料理大受好評，顧客經常詢問高湯中有何奧秘，茅乃舍靈機一動，心想不如將高湯製成商品販售，讓一般家庭也能使用。於是，他們採用九州高級食材烤飛魚作為主要材料，再搭配其他天然食材，製成高湯包。

㊳日本大型複合設施，集結約一百三十家商店、餐廳、辦公室、住宅、旅館、綠地、美術館等。

當初茅乃舍沒有料想到高湯包會成為熱賣商品，而只在非實體通路上低調販售。顧客的好口碑讓高湯包的銷量一再攀升，六本木的東京中城聽聞此消息，便向茅乃舍提出設櫃的邀請。茅乃舍認為自家商品不可能在東京熱賣，因此多次婉拒，但還是經不起承辦人員的滿腔熱情，最後抱著虧損的覺悟，前往東京設櫃。

沒想到，從開賣第一天開始，就有難以估計的顧客蜂擁而至，銷售業績突破原本預期的五倍以上。原來，許多人過去透過非實體通路，已成為茅乃舍的忠實顧客，當他們獲知實體店鋪成立的消息，便不遠千里地前來捧場。

當時，茅乃舍高湯購物網站上的文案，是以下這句話：

美味與餐廳勢均力敵，速度與速食並駕齊驅。

從料理人的角度來看，與餐廳勢均力敵的美味，只要以製作速食的速度就能完成，實在很划算。此外，這句文案採用對比手法，令人印象深刻。由於實際購買使用之後，確實讓料理更添美味，很多首購族都成為回頭客，這樣的良性循環現在依然持續著。

文案⑯ 美味與餐廳勢均力敵，速度與速食並駕齊驅。

明確提示商品的好處，只要顧客覺得划算，就會爭相購買。

「幸福感」比「超好用」，更能誘使人們打開錢包

廣告業界所說的「利益」，很容易讓人聯想到金錢，但利益其實也包含許多金錢以外的好處。

舉例來說，購買Japanet TAKATA錄音筆的職業婦女，是因為感受到「能和孩子溝通」的好處，才會掏出錢來；爭相搶購茅乃舍高湯的女性顧客，則是因為商品能實現「美味與快速」的好處，所以願意購買。

顧客選購商品或服務時，絕大多數都不是為了商品本身，而是看準商品或服務能為自己帶來某種好處。

行銷大師希奧多．李維特（Theodore Levitt），曾在他的著作《引爆行銷想像力》（*The Marketing Imagination*）中論述：

人為什麼購買商品？電鑽推銷員李奧·麥克吉維納（Leo MacGivena）曾說：「去年，我賣出一百萬台四分之一英吋的鑽孔機。人們想要的並不是四分之一英吋的鑽孔機，而是四分之一英吋的洞。」

顧客想購買的不是服務或商品本身，而是服務或商品提供的好處。因此，他們買的是四分之一英吋的洞，而不是四分之一英吋的鑽孔機。

「鑽孔機鑽出來的洞」就是所謂的好處，也可說是「藉由商品獲得的幸福」。人們購買的不是商品本身，而是買下商品後所獲得的幸福感。換句話說，每個人都能獲得自己想要的幸福，這才是貨真價實的好處。

若想用一句話掀起熱賣風潮，必須在文案中強調，顧客購買商品後可以獲得什麼好處。好處大致可區分為「功能利益」和「情感利益」兩種。

功能利益是指「藉由該商品功能所產生的價值及效用」，也就是使用該商品而得到的具體喜悅。重視的要點包括性能、規格和原料等。

情感利益則是「擁有該商品後所感受到的情感價值」，也就是取得該商品而感受到的無形幸福。重視的要點包含設計、質感、故事和品牌等。

以手錶為例，手錶的功能利益包括得知正確時間、時間清楚顯示、輕巧、配戴舒適等。另一方面，情感利益包含設計感、配戴時的滿足感、彰顯財力等。一般而言，名牌手錶訴求的就是情感利益。

蘋果智慧錶當然是一種功能利益極佳的商品，但搶購此商品的顧客大多是為了追求情感利益。在日本，擁有蘋果的最新商品，象徵著走在流行的最尖端。這不僅限於蘋果智慧錶，許多人會選擇蘋果產品，都是追求情感利益勝於功能利益。

案例》如何賣高級品？訴求極致性能和身分地位就對了！

在文案中加入「感受到好處」的字眼，就能創造熱銷。被稱為「現代廣告之父」的大衛．奧格威，在其著作《一個廣告人的自白》（*Confessions of an Advertising Man*）提出：「在文案中，你必須強調消費者可獲得的好處。」

高級汽車勞斯萊斯（Rolls-Royce）的報紙廣告，堪稱奧格威的代表作。在這則廣告的照片中，有一輛勞斯萊斯停放在住宅區街道，旁邊寫著一句文案：

這輛新款勞斯萊斯以時速一百公里奔馳時，車內最大的噪音來自電子鐘。（At 60 miles an hour the loudest noise in this new Rolls-Royce comes from the electric clock.）

這不只強調「勞斯萊斯車內很安靜」這項功能利益，同時還提出「身分地位」這項情感利益。這則廣告在美國引起熱烈討論，讓勞斯萊斯隔年的營業額成長五〇%。

> **文案⑰ 這輛新款勞斯萊斯以時速一百公里奔馳時，車內最大的噪音來自電子鐘。**
>
> 高價商品除了強調性能優勢之外，使用彰顯身分地位的文字訴諸情感利益，更能有效打動金字塔頂端的客群。

此外，美國極具代表性的巧克力品牌「M&M'S」，其知名文案也是強調商品的功能利益。

提倡「USP」（Unique Selling Proposition，獨特的銷售主張，意指推出其他公司沒有的強項作為宣傳策略）的文案企劃羅塞・里夫斯（Rosser Reeves），在一九五四年接到M&M'S董事長的委託，請他製作廣告。據說，他只用十分鐘，便發想出以下這句文案：

只融你口，不融你手。（Melt in your mouth not in your hand.）

M&M'S巧克力最初的商品構想，是創辦人弗瑞斯特・瑪氏（Forrest Mars）在二次大戰期間，造訪西班牙時發想出來。在西班牙，士兵用砂糖包裹著巧克力吃，這個方法讓巧克力夏天時也不會在口袋裡融化。瑪氏回到美國後，和朋友布魯斯・莫里（Bruce Murrie）一同創立公司。

這句文案只用一句話就完整呈現商品的功能利益，搭配影像成為電視廣告後，促使M&M'S巧克力瘋狂熱賣，一下子在全美打開知名度。

文案⑱ 只融你口，不融你手。

強調功能利益時，運用對比和簡潔有力的文案撰寫技巧，讓人印象更深刻。

案例》戴森很會賣好處，只用一句話就打動人心

總公司位於英國的家電製造商戴森（Dyson），利用充分表現功能利益的文案，為自家商品創造極高人氣。即使是對吸塵器沒什麼興趣的人，也一定對戴森的廣告文案很有印象。

戴森，唯一吸力永不減弱的吸塵器。

不曾使用過戴森吸塵器的人，會在心裡留下「戴森吸塵器的吸力非常強勁」的印象。但事實上，這句文案並非著眼於戴森吸塵器的吸力，而是訴求「吸力不變＝不需

要除塵紙袋」這項利益，並凸顯戴森吸塵器與他牌產品的差異。這句文案讓戴森在日本市場迅速建立品牌形象，吸塵器銷量也創下絕佳成績。

文案⑲戴森，唯一吸力永不減弱的吸塵器。
一句文案包含兩種以上的功能利益，不但令人玩味，還能獲得雙倍的宣傳效果。

此外，戴森無葉風扇的文案，也直接闡述功能利益：

沒有葉片，就是安心。

戴森的電視廣告中，小女孩將手伸進一般電風扇的葉片位置，卻毫髮無傷，這充分強調無葉風扇的安全性。

文案⑳ 沒有葉片，就是安心。

搭配簡單的視覺廣告，更能體現文案所強調的功能利益。

案例》汽車冷冰冰？豐田讓汽車成為實現夢想的情感動力

接下來介紹訴求情感利益，讓產品熱賣的案例。

汽車原本是一種交通工具，只要從價格、速度、馬力、空間、耗油量、安全性等功能性的角度切入，應該就能讓消費者決定是否購買。但人們在選購汽車時，不會只看這些地方。不少人會訴諸情感利益，作為決定是否購買的要件，例如：喜歡車款的設計、開起來讓人很安心、駕駛時有刺激感、彰顯身分地位等。

一九八三年，豐田汽車（TOYOTA）在第七代皇冠（CROWN）的電視廣告中，使用以下這句文案：

總有一天開皇冠。

皇冠是當時豐田最頂級的轎車車款，在車子代表身分地位的時代，只有公司的董事階級才開得起皇冠。

日本泡沫經濟[39]時代來臨之前，這句文案讓人覺得只要努力工作，總有一天能飛黃騰達，並且駕駛皇冠這樣的頂級轎車，可說是符合這段經濟高度成長時期的神話。

文案㉑ 總有一天開皇冠。

對於鎖定金字塔頂端客群的商品，可以運用文字，讓現在買不起的低薪族群心懷憧憬，藉此打造品牌形象。

一九九九年，日產汽車（NISSAN）在休旅車 SERENA 的電視廣告中，使用以下的文案：

回憶勝於一切。

SERENA的文案比起強調性能的功能利益，更強調情感利益：「一輛和家人共創回憶的汽車。」這支電視廣告發揮宣傳效果，使SERENA受到廣大消費族群的喜愛。

文案㉒ 回憶勝於一切。

訴諸情感利益，能創造商品新的價值。

㊴從一九八〇年代後期至一九九〇年代初期，日圓急速升值，日本國內興起投機熱潮，迎來看似空前輝煌的經濟榮景。泡沫破裂後，日本經濟開始大衰退，進入長達十年以上的大蕭條時期。

案例》如何做差異？別人只賣巧克力，雷神卻反其道而行

各位知道「雷神巧克力」（Black Thunder）嗎？

它是一種以巧克力包覆可可脆餅的點心，由有樂製菓（總公司位於東京都小平市）在一九九四年開始發售。雖然是一條三〇日圓的超便宜商品，但過去十年來，營業額成長超過十倍，而且許多名人對它愛不釋手。

雷神巧克力原本以大學合作社為主要販售據點，後來經由學生的口碑好評而廣受歡迎。在二〇〇五年出版並引發話題的《福利社的魔力留言板》一書中，雷神巧克力被作者白石昌則大力推薦，於是瞬間聲名大噪。二〇〇八年北京奧運會期間，媒體大篇幅報導，體操選手內村航平[40]喜歡在賽前吃雷神巧克力來補充熱量，使其銷售量扶搖直上。

如此高人氣的雷神巧克力，自二〇一三年展開情人節宣傳活動之後，在網路上引發諸多討論。當時的官方文案是：

讓你一眼就知道，這是義理巧克力[41]！

商品包裝上清楚標示這句文案。而且，刊登在新宿車站等地的廣告海報上，也大大地強調這句文案。

對上班族女性而言，比起送給心儀男性的「本命巧克力」，挑選在職場等場合上分送的「義理巧克力」，應該更傷透腦筋吧？無論是對贈禮的女性，還是收禮的男性來說，一眼就知道這是義理巧克力，瞬間就明白彼此的心意，不是非常方便嗎？有樂製菓注意到，對女性而言，基於職場情誼需要贈送巧克力，卻不想讓對象有奇怪的誤解，在這樣強烈的需求中，正好隱藏巨大的商機。

當多數點心公司都以本命巧克力為訴求努力宣傳時，有樂製菓刻意鎖定義理巧克力的市場，簡直是一片大好藍海，這樣的行銷策略訴諸情感利益，完全與巧克力本身的味道、品質等商品特性無關。有樂製菓的策略還在網路上引發討論風潮。

二〇一四年，有樂製菓針對情人節，在東京車站地下街開設義理巧克力商店。

---

❹⓪ 二〇〇八年和二〇一二年代表日本參加夏季奧林匹克運動會。

❹① 「本命巧克力」是日本女性在情人節時，致贈心儀男性的巧克力。「義理巧克力」則是送給朋友、同事等交情不錯的人，藉以感謝對方平時對自己的照顧。

十九天之內就狂銷三萬五千條巧克力，直到完售當天，購買人潮依然絡繹不絕。

文案㉓ 讓你一眼就知道，這是義理巧克力！

鎖定過去沒有人注意到的潛在需求，重新定義商品的情感利益，便能創造新話題，帶來超乎想像的效益。

「便宜、輕鬆、快速」3個關鍵字，帶動銷售最有效

各位曾經挑戰過減肥嗎？如果有，是否成功堅持到最後並達成目標？走進書店的健康類書籍區，你一定會對減肥書的數量感到驚訝，而且幾乎每一本都爭相強調：「只要這麼做就能簡單瘦身。」實際在亞馬遜網路書店搜尋，輸入「只要〇〇就能簡單瘦身」幾個關鍵字，你可以找到各種類似下列的書名：

《只要捲一捲就能簡單瘦身》
《只要貼上它就能簡單瘦身》
《只要咬一咬就能簡單瘦身》
《只要十秒就能簡單瘦身》

《只要測量就能簡單瘦身》
《只要閱讀就能簡單瘦身》
《只要聽CD就能簡單瘦身》
《只要早上二十秒就能簡單瘦身》
《只要吃這個就能簡單瘦身》

一般而言，想要減肥成功，無論採行哪種方法，倘若無法堅持不懈、認真踏實地執行，根本看不見持續的效果。儘管如此，仍然有許多書籍不斷強調「這麼做就能輕鬆瘦下來」。

因為人類是喜歡偷懶的生物，若能獲得相同的成效，當然會選擇最便宜、輕鬆、速效的方法。

大家常常想著：「要減肥」、「用功念書」、「改變自己」，可是大多數人往往沒做幾天就放棄了。縱然一開始滿腔熱血，但只要一想到辛苦的過程，就立刻打退堂鼓。

因此，銷售商品時降低門檻，讓顧客認為「既然方法這麼簡單，應該能堅持下去」，是很重要的關鍵。

上述減肥書便是深諳這個道理，才會在書名中強調有多麼容易。當然，這個道理不僅限於減肥書。販售商品時，越強調「能輕鬆在極短時間內獲得好處」，越能創造銷售佳績。當然，便宜也是十分管用的關鍵字。

換句話說，你必須告訴顧客，他們能以便宜、輕鬆、速效的方式獲得好處。例如：

「一天只要五〇日圓！」（便宜）

「每天只要三分鐘，簡單活動身體即可！」（輕鬆）

「一週之內讓你看見成效！」（速效）

但是，太不切實際的便宜、輕鬆、速效，不僅無法獲得顧客信賴，還可能被冠上欺騙的罪名，這一點要特別留意。

為何說詞再瞎也有人上當？因為好處無人能擋

從賣方角度來看，提供好處確實能創造狂銷熱潮，但從買方立場來思考，就必須多加留意，別一看到有好處就傻傻地全盤接受。

近年來，以數字型彩券「LOTO6[42]」為主的詐騙行為急遽增加，其中大多數都是非常簡單的技倆。例如，某天你可能接到這樣的電話：「我們有門路能預先知道LOTO6的中獎號碼。如果你認為我說謊，我可以告訴你明天的開獎號碼，請你看明天的早報確認一下。」接到電話的人看了隔天的報紙，發現上面刊登著相同的號碼，便傻傻地相信對方，於是花上大把鈔票購買開獎明牌。

據說受騙上當的人，大多是不知道中獎號碼已公布在網路上的老年人。詐騙者為了故弄玄虛，還會刻意告知二獎而非頭獎的號碼，或是即使猜錯一次，依然會說：「真抱歉，這次出了點差錯，下次一定會中！」讓對方再次匯錢。

從常理來思考，根本不可能事先得知中獎號碼，而且即使真的知道中獎號碼，也絕不會告訴任何人。

然而，這樣的詐騙手法不只限於LOTO6。大多數人看到金融詐騙、投資詐騙等各種詐騙新聞時，都認為自己絕對不會上當，但真的遇到時還是誤入圈套。事實上，受害者不只那些不知如何取得最新資訊的老年人，還有不少擅長蒐集資訊的人。

由此可知，人類對於能得到好處的資訊，就是缺乏抵抗力。

㊷日本的彩券名稱，類似台灣的大樂透。

重點整理

1. 對方若認為資訊對自己有利，就會產生關聯感。只要是對自己有好處的話題，人們自然想要認真閱讀或聆聽。
2. 顧客想購買的不是服務或商品，而是藉由服務或商品獲得的好處。
3. 好處可以區分為「功能利益」和「情感利益」兩種，當文案訴求好處時，情感利益比功能利益更能吸引顧客目光。
4. 販售商品時，越強調便宜、輕鬆、速效，越能創造出銷售佳績。

編輯部整理

NOTE

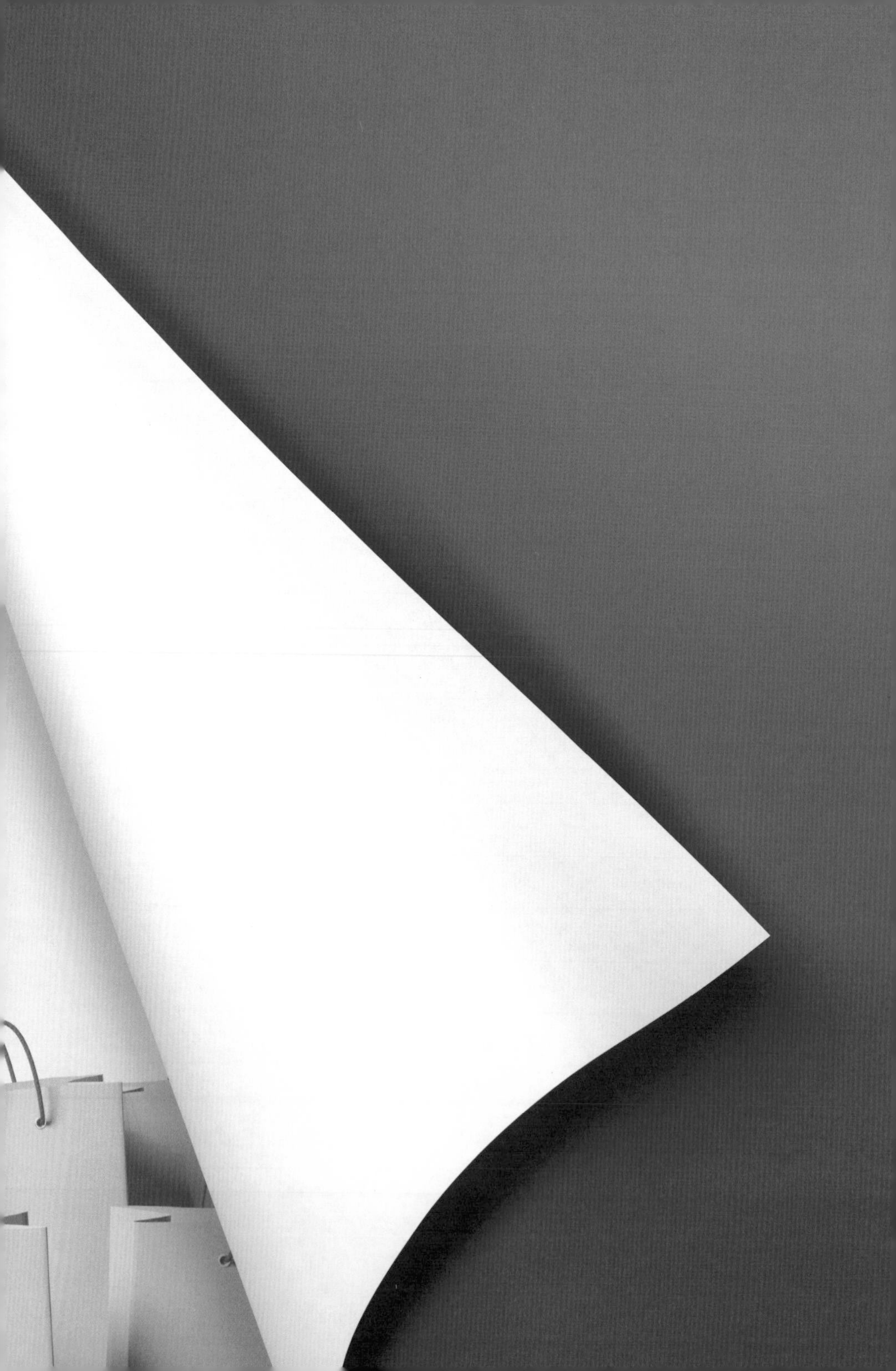

第三章

人為何總是想受歡迎，想成功呢？

從人的原始需求與欲望，找到暢銷的密碼

請各位想像一下：如果這世上發明「吃了必定受歡迎的藥」，你會想買嗎？一旦吃了這種藥，無論是受到非特定多數的人歡迎，還是被自己傾慕的對象喜愛，只要是你渴求的受歡迎模式都能達成。或許有人會基於道德考量而不願意購買，但如果多數人都偷偷摸摸地弄到手，難道你不會有掏出錢包的衝動嗎？如果想買，你願意出多少錢？

這個問題的答案因人而異。有些人只要經濟狀況寬裕，即使這種藥要價幾千萬、幾億，也樂於購買。人類想受歡迎的欲望就是如此強烈。正在閱讀本書的你，不論性別、年齡，內心深處應該都渴望受人歡迎。

你是否曾經思考，人為什麼想受歡迎？這個問題的答案，必須從人類的需求和欲

望中尋找。

賣產品和服務前，先搞懂人類的10種欲望

除了想受歡迎之外，每個人必定都懷有其他各種需求和欲望。只要文案能刺激隱藏在人們內心深處的需求和欲望，並結合商品或服務的好處，就能大幅提升熱賣的機率。原本，廣告的功能就是為了喚醒人們內心深處的欲望，並提供他們夢寐以求的商品和服務。

人們的需求和欲望有許多種類。在本書中，我參考各種派別的說法，將其分門別類，整理成以下「能創造熱賣的十種欲望」。以下這十種欲望（Disire）簡稱為「D10」。

①希望健康、長壽。
②性欲。
③食欲。

④想要安全、安心、安穩地生活。
⑤期待暢快的刺激感。
⑥變美、變帥。
⑦渴望被愛和愛人。
⑧想成為有錢人，過著富裕的生活。
⑨期盼被社會認同。
⑩自我實現。

在銷售商品或服務之前，請先想想你的文案是否能刺激D10？

當然，除了D10以外，許多人懷抱其他不同的需求和欲望，例如：物欲、求知欲、支配欲、模仿欲、好奇心、想節約、想整理資訊、想提升運動能力等。只要刺激這些需求，就能讓商品或服務熱賣。

我列出的D10是人類最原始的需求，因此最容易引發熱賣風潮。人們一旦欲望受到刺激，感到怦然心動，就會對商品產生興趣。你只要在顧客情緒高漲時，確實強調商品的品質和好處，便會大幅提升購買的可能性。

重要的不是強調商品本身的優點，而是能讓顧客想像，在購買及使用該商品後，自己的欲望（例如D10）可獲得多大滿足。

滿足顧客「受歡迎的情境」，他就能滿足你的業績

回到本章開頭的話題：人為什麼想要受歡迎？因為一旦受人歡迎，D10中有數項都能獲得滿足。

首先，⑦「渴望被愛和愛人」會得到滿足，這點無庸置疑。第二，受人歡迎會帶來刺激感，因此⑤「期待暢快的刺激感」能被滿足，而與所愛的人關係漸深，②「性欲」也必定能獲得滿足。

不只如此，受歡迎和自己主動愛上某人是兩回事，換句話說，受歡迎能使自己不易受到傷害，於是④「想要安全、安心、安穩地生活」能得到滿足。此外，在現代社會中，受歡迎不單純只是戀愛，更是一種身分地位的象徵，因此能滿足⑨「期盼被社會認同」。若傾慕自己的對象容貌姣好，或是擁有其他附加價值，這份認同感會更強烈。

在受歡迎的情境中，人們的各種欲望都能獲得滿足，因此無論性別、年齡，每個人都渴望受歡迎。

當你打算銷售某項商品時，請試著思考，能否讓顧客心中浮現「只要使用就能受歡迎」的想像。若能有效引發這種想像，顧客就會對該商品充滿興趣。

案例》AXE香體噴霧，讓男性幻想自己是萬人迷

有一項商品正是訴求受歡迎的概念，造成全球熱賣風潮，那就是聯合利華[43]（Unilever）的男性專用香體噴霧「AXE」。AXE的商品概念是「AXE效應」（The AXE Effect），意即「只要使用它，你就能成為萬人迷」。

AXE是一九八三年誕生於法國的全球知名品牌，二〇〇七年三月，AXE香體噴霧在日本正式發售。當時，它的電視廣告非常具有衝擊性。

在香體噴霧發售的前一週，AXE大量播放「前導式廣告[44]」。該廣告以一座孤島作為舞台，好幾個身穿比基尼的白人女性在森林中奔跑，她們臉上的表情彷彿追捕獵物的肉食性野獸。搭配這段影像，畫面中彈出「三月五日」、「目擊一切」、

「AXE三月五日登陸日本」等文字。在這段宛如電影預告的廣告中，完全沒有提及任何與商品相關的內容。

接著，從發售日開始正式播放廣告的全貌。身穿比基尼的白人女性排山倒海而來，她們不僅來自森林，還有爬下山崖、從海中一躍而上，數量多得令人瞠目結舌。這些女性盯上的獵物，是一個站在海灘上的男人，他正往自己赤裸的上半身噴灑AXE香體噴霧。該廣告描繪的概念是，不計其數的女性受到AXE的香味吸引而簇擁前來。廣告最後出現的文案如下：

體香，是男人的武器。

㊸英國與荷蘭的跨國消費品公司，總公司在荷蘭鹿特丹和英國倫敦，旗下品牌眾多，主要銷售食品、飲料、清潔劑和個人護理用品。

㊹前導式廣告（Teaser Campaign），廣告行銷的手法之一。是指在正式廣告公開之前，先刻意隱瞞商品或服務的部分資訊，使受眾在極短時間內對品牌留下深刻印象，再進一步主動搜尋相關資訊，可說是「廣告的神秘預告」。

靠著這支規模浩大、娛樂感十足的電視廣告，AXE瞬間打開知名度。除了廣告之外，其他促銷宣傳也發揮加乘效果，AXE登陸日本不久就迅速造成狂銷熱潮，短短幾個月內，便躍升為男性香水市場的領導品牌，取得壓倒性的勝利。

自此以後，AXE依然只強調AXE效應，持續刺激人們「想要受歡迎」的各種欲望，以保持亮眼的成績。

文案㉔ 體香，是男人的武器。

讓顧客想像使用商品後能變得受歡迎，就是最有效的銷售文案。

想知道現在顧客要什麼？書店架上的陳列有答案

在某個地方能發現人類心中的D10，那就是書店。如果你覺得我在胡謅，不妨親自走訪各大書店，看看那些陳列在架上的書名。

說到書店，大家腦海裡浮現的無非是文藝類書籍、學術類書籍等，但其實市面上仍以實用書居多。你觀察這些實用書的書名，應該會發現，大多數書籍的內容都與D10密切相關。尤其是歷史悠久的暢銷書，大多都是以D10為標題，因為這樣才會長銷熱賣。

在二〇一四年「日本出版販賣株式會社」（日本規模最大的出版仲介公司）的年度暢銷排行榜中，除了小說等虛構作品和宗教類書籍之外，前十名的書名如下：

《揉揉小腿肚的驚人自癒奇蹟》

《人生絕對有辦法！》

《後段班辣妹應屆考上慶應大學的故事》

《漫畫圖解，與成功有約：高效能人士的七個習慣》

《心之不思議：為什麼？》

《被討厭的勇氣：自我啟發之父「阿德勒」的教導》

大多數的書名都能讓我們聯想到D10，對吧？

案例》書名喚醒人性欲望，就能瞬間佔領暢銷榜

有個人將「人類心中的欲望和需求」引進出版業，在二次大戰後的日本推出眾多暢銷書，他的名字是神吉晴夫。

神吉晴夫在戰前進入講談社工作，戰後與朋友共同創立光文社。他為了與戰前就存在的「岩波新書[45]」抗衡，在一九五四年企劃出一套強調內容簡單易懂的「河童叢

書」。

河童叢書以吹奏喇叭的河童標誌為人熟知，當時以較大的九級字進行活字版印刷，並在書本封底加入作者的照片和簡歷，這些都是劃時代的做法。在此之前，日文書籍一般的做法，多是由知名作家、學者撰寫自己想寫的主題，但神吉晴夫無視作者的知名度，強調由編輯先行企劃，再找作者一同合力完成出版工作。

河童叢書創刊之際，瞬間就獨霸暢銷書排行榜。在創刊隔年的年度暢銷書排行榜前十名中，河童叢書囊括四本，其中第二名的《欲望：在底層蠢動的心理》，是一本講述性欲與食欲的書籍。這本書在報紙廣告上刊登的文案是：

滿足每天的欲望，邁向幸福的康莊大道。許多實現欲望的技巧和方法，都在本書中……。

㊺岩波書店在一九三八年創立的書系，以提供啟蒙知識為目的，書籍尺寸約為105mm×173mm。後來日本其他出版社也開始推出類似尺寸的書系，並多半命名為「○○新書」，因此日本大眾將這種規格的書籍統稱為「新書」。

這本書的文案可以讓我們聯想到D10中的①到⑤。藉由書名和文案，《欲望》狂銷四十五萬本，成為當時的暢銷之作。

之後，河童叢書推出多本暢銷作品，更在一九六一年創造出第一本銷量破百萬的書籍：《強化英語力：教室裡學不到的秘密學習法大公開》。這本書的書名可以刺激D10中的⑨和⑩。

文案㉕滿足每天的欲望，邁向幸福的康莊大道。許多實現欲望的技巧和方法，都在本書中……。

若文案能喚起沉睡在人們心底的欲望，他們就會對商品產生興趣。

喊出「5波銷售戰績」，讓人覺得不買可惜！

《強化英語力》在一九六一年八月一日上市後，便立刻缺貨，書店追加訂購的單據如雪片般飛來，使該書大量再版，才發售十天，便在《朝日新聞》上刊登了全五段版面[46]的廣告。

之後，神吉晴夫在《週刊新潮》製作特輯。當時書店相關人士對該書的評價是「像麵包熱賣一樣暢銷」，神吉晴夫便以此為基礎，創造了一句嶄新的文案：

如麵包般熱銷。

在報紙廣告中，這句文案以這樣的形式呈現：

「銷售突破二十萬冊，居全國暢銷書之冠，被譽為『如麵包般熱銷』的作品。」

「暢銷突破五十萬冊，在學生之間造成瘋狂搶購，如麵包般熱銷的一本書。」

此外，這句文案也被用在電車內的吊環廣告，進一步擴大銷路。之後，下述的報

[46] 日本報紙的版面以縱向分割為十五等份，稱為「十五段組」。「全五段」意即橫向佔滿全版，縱向高度則佔十五分之五的大小。

紙廣告陸續推出：

「突破六十五萬冊，教室裡學不到的學習秘技大公開。」

「突破九十五萬冊，電車上也吹起英語學習的旋風。」

「突破一百萬冊！創下日本出版界的全新紀錄。」

就這樣，發售後不過短短兩個半月，《強化英語力》的銷量已經突破一百萬冊。神吉晴夫藉由這一系列廣告文案，喚醒沉睡在讀者心中「想把英語學好」的欲望。

文案㉖ 如麵包般熱銷。

運用比喻技巧強調過去的熱賣實績，人們會心想：「不買就虧大了。」

「本本都暢銷」的霸氣宣言，造就銷售第一的傳奇

河童叢書不僅擅長創造暢銷書名及文案，就連整個書系的文案也令人拍案叫絕。那句文案是：

河童的書全部都暢銷！

其實，這句話是神吉晴夫受到某家美國出版社的企業標語啟發，而發想出來。當時他任職於講談社，心想「總有一天要用上這句話」，並在心中醞釀三十年。

這段宣言的驚人之處在於，神吉晴夫自己也清楚這是極為大膽的文案。他在著作《點燃現場那把不滿的烈焰！商務人士入門》中表示：「你可以說我膽大包天，或是愚蠢至極。如果不是一時衝動，我也說不出這種大話。」

然而，正因為如此對外宣告，神吉晴夫才會與員工一同奮鬥，致力提出更好的出版企劃，以期使自家出版社的書全部都暢銷。這簡直是一句把自己推上懸崖的文案。這種「透過精簡文字，強化文字力道」的手法，將在第六章中詳細解說。

關於書名和文案的重要性，神吉晴夫可說是比當時任何一位出版人，都還要瞭然於心。

文案㉗ 河童的書全部都暢銷！

若商品的品質或口碑有一定的水準，誇張或大膽的文案能帶來正面效果。

為何暗示性欲的廣告能創造高收益？因為……

在人類的各種欲望中，與性相關的欲望最強烈。為了確保子孫綿延不絕，繁衍後代是強大的生物本能，「性」成為最容易引起人們興趣的話題。

廣告業界有一句名言：「性無不銷」（Sex Sells），只要運用足以讓人聯想到性的文字或圖像，無論直接或間接，通常都能帶來高收益。實際觀看電視廣告，你應該就能感受到，許多廣告即使不會直接讓人聯想到性，依然能令人覺得帶有性暗示。

案例》哈根達斯利用遐想，使冰淇淋成為大人商品

高級冰淇淋品牌「哈根達斯」（Häagen-Dazs），長年來持續製作性感且刺激感

官的電視廣告。例如：畫面中的男女彼此糾纏，最後以一句「不一起哈根達斯嗎？」（Shall we Häagen-Dazs？）來勾引對方。

過去冰淇淋被認為是給小孩吃的，但哈根達斯的廣告策略反其道而行，將商品形塑成「大人的高級冰淇淋」。果不其然，哈根達斯成為成年人顧客中最受歡迎的冰淇淋品牌。

哈根達斯曾經聘請日本女演員柴崎幸當代言人，製作一系列與她原本形象大相徑庭的電視廣告，在二〇一四年播出的「巧克力布朗尼口味」廣告，讓她獲得性感誘人的美譽。廣告中，柴崎幸躺在床上、面向鏡頭，作勢要嘛嘴親吻，最後卻拿出湯匙吃了一口哈根達斯。這個廣告使用的文案是：

比親吻更濃厚芳醇。

我們經常看見令人聯想到性的廣告，儘管其商品本身與性無關。這是因為這類廣告比較容易讓人們產生興趣，拉長觀看時間。他們一旦願意花較多時間觀看，就更會對商品留下印象。此外，刺激感強烈的影像能激發人們的情感，進而讓他們產生擁有商品的欲望。

以哈根達斯的廣告為例，將看見刺激影像的興奮感，化為渴望吃到冰淇淋的心情，都是大腦帶給人們的錯覺。

電視廣告經常使用這類手法。有些廣告是刻意讓人產生性聯想，有些廣告則是人們自己產生那樣的錯覺。事實上，大多數情況是製作者在檯面下以性聯想來製作廣告，卻在檯面上故作姿態地說：「沒想到大家會這樣認為。」

例如，在某一支杯麵電視廣告中，一位年輕女演員在麵條上擠出美乃滋，同時用博多方言說：「全部都出來了嗎？」這句台詞引發民眾議論，被批評是猥褻下流，之後被更換為另一句（根據官方說法，一開始就有更換台詞的打算）。

還有，在某支啤酒廣告中，一位人氣女演員對著鏡頭說：「來喝 RICH 吧！」這句話在日文中聽起來像是「來做愛吧」，引發觀眾的熱議。

此外，在某支汽車廣告中，當紅女星將鑰匙丟到男人身上，說了一句：「是男人的話就上啊！」之後有人向車商反映這句話帶有性暗示，台詞才更換為「是男人的話就別拒絕啊！」

我們姑且假設，這些廣告的製作者私底下都以「那些效果」為目標，但一到檯面上，他們只能對外表示：「沒想到大家會這麼認為。」

文案㉘ 比親吻更濃厚芳醇。
即便商品與性無關，也可運用「性無不銷」的廣告技巧，吸引受眾的目光。

案例》卡夫的義大利醬用猛男代言，讓主婦好瘋狂

過去性無不銷的手法，多半是安排性感女性出場，或是呈現男女纏綿的畫面。前面介紹的AXE和哈根達斯，就是典型的呈現方式。

近年來，以女性為目標顧客的商品廣告，也越來越常採用這種手法。位於美國伊利諾州的卡夫食品（Kraft Foods，全球首屈一指的大型食品公司），推出一款Zesty義大利醬（Zesty，意指味道刺激），讓我們來看看它在二〇一三年推出的廣告吧。

電視廣告的主題是，「Zesty Guy」（火辣的猛男）製作沙拉等料理。外表帥氣的 Zesty Guy 現身於野外廚房，刻意讓人看見他衣服底下的壯碩身材。他脫下外套，身上只剩一件T恤，並說：「好了，女士們，我要做沙拉囉！」便開始切蔬菜。他嗅聞蔬菜的氣味、做料理的手勢，都像是在暗示什麼，讓人想入非非。

接下來，他用平底鍋炒菜，淋上該品牌的義大利醬，一面以甜膩嗓音，意味深長地輕聲低語：「想要刺激嗎？要更多一點嗎？」一面製作料理。廣告最後，平底鍋冒出一道火焰，將他身上的T恤燒個精光，健壯結實的赤裸上身一覽無遺。該廣告的文案是：

來點刺激吧！（Let's Get Zesty.）

此外，在雜誌廣告中，Zesty Guy 以幾乎全裸（僅有重要部位被勉強遮住）的姿態躺在野餐墊上，實在惹火得令人抓狂。

這一系列的廣告獲得熱烈關注，商品銷量也一飛沖天，而飾演 Zesty Guy 的男模安德森・戴維斯（Anderson Davis），更成為電視新聞和料理節目的新寵兒（當然，規定得赤裸著上半身）。

然而，來自保守團體的抗議聲接連不斷，如今這系列廣告已經結束。

文案㉙ 來點刺激吧！

刺激感強烈的影像或文案，能夠激發人們內心的欲望，進而渴望擁有該商品。

案例》想知道女性最大的渴望？翻開女性雜誌就明瞭

通常刺激商品買氣的都是女性。如果你販售的是女性商品，女性雜誌中有一些文案範例非常值得你參考。

女性雜誌出版社之間的競爭非常激烈，雜誌依據年齡層和喜好，細分成各種不同的讀者群。像過去那樣定期訂閱的讀者已經越來越少，因此現在各家出版社在製作封面文案時，無不費盡心思。

在女性雜誌封面上，常寫著刺激讀者欲望的文案。例如，有「可愛且時髦的粉領族雜誌」之稱的《CanCam》，其封面文案如下：

「我可以在一個月內變可愛嗎？」（二〇一五年一月號）
「希望真實的自己能大受歡迎！」（二〇一五年三月號）
「大家瘋狂搶購便宜、可愛的名牌衣飾。」（二〇一五年七月號）

或許這些文案會讓人想吐槽：「不要隨便說這種任性的話！」但它們全都直接肯定讀者的欲望。

接下來，讓我們看看為「嶄新四十歲熟女」創辦的時尚生活誌《STORY》，在二〇一五年五月號中使用的文案。首先是封面文案：

給迷惘的四十歲女性一個好消息！「一件定勝負」的魔法服飾。

接著，看雜誌內文的標題：

除了讓人「感覺很棒」，如果可以，還想要「俏麗時髦」，那就運用這些小技巧！第一次午餐約會的穿搭風格。

「隨便亂穿」也不會露餡的小妙計，全部偷偷告訴妳！費盡心思穿到沒衣服可穿，就決定星期五是「條紋衣之日」！

「不想變成熟女」已是美麗媽媽之間的常識，大改變！經典款學校書包成為「時尚潮牌」！

這些文案是否讓你的任性欲望，一股腦全都湧上心頭？若你正在企劃以女性為主要客群的商品，定期閱讀女性雜誌能讓你掌握女性的欲望。

文案㉚給迷惘的四十歲女性一個好消息！「一件定勝負」的魔法服飾。

鎖定女性顧客時，刺激買氣最有效的方法，就是肯定她們的欲望。

有時，你要賣的不是牛排，而是牛排的「滋滋響」

若你想藉由刺激顧客欲望來銷售，首先必須思考：該說什麼才能刺激顧客的欲望？

你應該說的，是商品所擁有的「sizzle」。

二十世紀中期，美國「銷售諮商大師」艾瑪・韋勒（Elmer Wheeler），曾分析超過十萬五千則銷售文案，並以分析結果為基礎，對一千九百萬人進行實驗。結果發現，只要以某個觀點來寫文案，就會有許多人購買。後來，他將其整理成銷售公式。

韋勒的銷售公式有很多條，其中這句話最有名：「不要賣牛排，而是賣牛排的滋滋響！」（Don't sell the steak——sell the Sizzle!）

英文的「sizzle」，是指煎烤牛排時發出的滋滋聲。以販售牛排來說，顧客不是被肉本身吸引才垂涎三尺，而是被煎牛排時發出的滋滋聲誘惑，才變得食指大動。換成鰻魚的話，sizzle 就是香氣。店家應該向顧客推銷的，就是這滋滋作響、香氣四溢的購買欲望。

sizzle 這個詞彙不僅深深影響廣告業界，在電視廣告中更是受到重視。它不只限於聲音或氣味，關鍵在於商品的最大賣點。

案例》訴求沙丁魚罐頭每個月都要翻一次跟斗？結果……

韋勒在其著作《韋勒公式：不要賣牛排，而是賣牛排的滋滋響！》（*Tested Sentences That Sell*）中，舉出沙丁魚罐頭（以橄欖油醃漬沙丁魚肉的罐頭食品）的銷售案例。

過去在高級百貨公司ＬＡＤ販售的沙丁魚罐頭，銷路並不好，因為高級沙丁魚罐頭的價格是一般沙丁魚罐頭的兩倍，店員卻很難說明兩者之間的差異。

韋勒接到客戶的委託，對方希望他設法增加罐頭的銷量，然而他研究許多相關商品，卻一直難有突破。有一天，他發現店員將沙丁魚罐頭倒過來擺放，一問之下才知道，原來倒置罐頭不僅能防止沙丁魚變乾，還能讓橄欖油更加入味，對賣相和風味都很有幫助。

韋勒心想，這就是沙丁魚罐頭的 sizzle！於是他提出以下這句文案：

LAD的沙丁魚罐頭，每個月都翻一次跟斗。

這句文案成功刺激顧客的好奇心，使他們紛紛詢問店員「翻跟斗」的意思。因為這句文案，沙丁魚罐頭交出亮眼的業績。這家百貨公司在兩週內售完所有高級沙丁魚罐頭，創下有史以來的新紀錄，這全是因為韋勒不販售沙丁魚，而是主打翻跟斗。

韋勒將這次經驗總結成一句話：「把藏在商品中『翻跟斗的秘密』找出來！」

當然，這不只適用於販賣食品。舉例來說，請想像在店面銷售喀什米爾羊毛圍巾的情境。

喀什米爾羊毛圍巾的 sizzle，是圍在脖子上的肌膚觸感。因此，與其對顧客說明喀什米爾的背景，不如對他們說：「請您摸摸看，如何？觸感完全不同吧？圍在脖子上會更舒服喔，要不要試試看呢？」

強調商品的 sizzle 來向顧客攀談，能創造出數倍的銷售業績。幾乎所有商品都擁有某種 sizzle，請找出這把秘密鑰匙，啟動顧客的欲望開關！

> **文案㉛ LAD的沙丁魚罐頭，每個月都翻一次跟斗。**
>
> 找出商品的 sizzle，便能成功激發顧客的購買欲望。

案例》紅牛飲料靠「給你一對翅膀」，熱銷全球30年

人類一直以來都渴望能在天空自由翱翔，以本書提及的D10來說，就是⑤「期待暢快的刺激感」。

有一家企業鎖定這項欲望寫成一句文案，創造了被譽為「全世界最成功的飲料品牌」，那就是「紅牛能量飲料」（Red Bull）。即使是沒喝過的人，至少都聽過它的

名字。

紅牛公司在一九八四年創立於奧地利，自一九八七年起開始販售紅牛能量飲料，時至今日，銷售已遍及一百六十七國，二〇一四年銷量更突破五十六億罐。紅牛公司是許多知名運動賽事的贊助商，包含一級方程式賽車在內。在二〇〇五年十二月進軍日本之後，迅速滲透日本市場。

紅牛公司的故事，要從一九八〇年代初期開始說起。那時候，奧地利出身的迪特里希・馬特希茨（Dietrich Mateschitz）在美國工作，他在《新聞週刊》上讀到一篇有關日本高額納稅者的報導。當時納稅額最高的人並非全球知名的企業家，而是以能量飲料「力保美達」（Lipovitan D）致富的大正製藥董事長。

馬特希茨心想：「這個產業有龐大商機」，於是開始計劃，未來要創立一家銷售能量飲料的公司。很快地，馬特希茨決定與泰國的能量飲料品牌簽訂合作契約，以歐洲為主要銷售據點，並且在奧地利成立紅牛公司。

當時馬特希茨的最大課題是，歐洲沒有能量飲料這種產品，該如何推廣紅牛能量飲料的好處？他找到在廣告公司擔任文案企劃的朋友，請他幫忙發想文案。

這位文案企劃耗時一年半，提案超過五十次，但全都被馬特希茨駁回，因為他認為那些都不是最適合紅牛能量飲料的文案。某天，這位文案企劃突然靈光乍現，三更半夜打電話給馬特希茨，把文案告訴了他。結果，電話這一頭的馬特希茨瞬間清醒，回答：「就是這個！」

這一句文案讓紅牛成為強大的飲料品牌，其內容是：

Red Bull，給你一對翅膀。（Red Bull Gives You Wings.）

至今已過了三十年，這句文案依然持續使用。紅牛能量飲料廣告沒有強調飲料成份，也完全沒有提及「元氣」、「恢復疲勞」等功能利益的詞彙，而是靠一句刺激人類「想像鳥兒一般振翅飛翔」欲望的文案，便深深擊中許多年輕人的心。

文案㉜ Red Bull，給你一對翅膀。
比起強調商品的功能與成份，刺激人們內心的原始渴望，更能打動人心。

重點整理

1. 刺激隱藏在人們內心深處的需求和欲望，並結合商品或服務的好處，創造熱賣的機率就會大幅提高。
2. 使用文案銷售商品時，若能讓人們心中浮現「只要使用就能受歡迎」的想像，便能成功刺激他們的原始欲望，讓商品熱賣。
3. 在人類的各種欲望中，與性相關的欲望最強烈。運用足以令人聯想到性的文字或圖像，通常能帶來高收益。
4. sizzle 是指煎烤牛排時發出的滋滋聲。販售牛排時，顧客不是被肉本身吸引，而是被煎牛排時發出的滋滋聲誘惑。所有商品都擁有某種sizzle，找出這把鑰匙，就能啟動顧客的欲望開關。

編輯部整理

NOTE

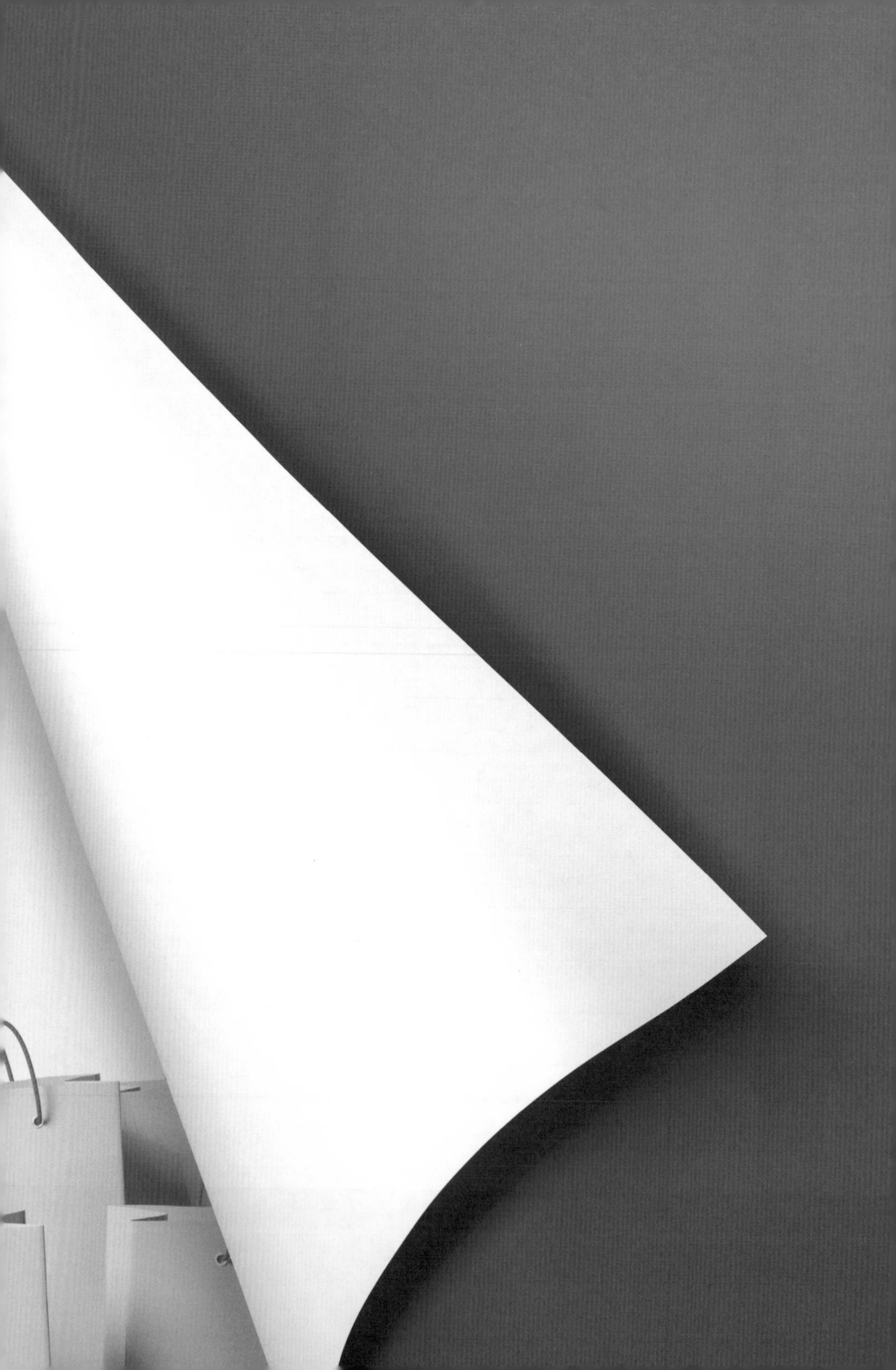

第四章

美白產品為何能利用煩惱，創造熱銷？

為什麼掀起煩惱的標題，點閱率超高？

你瀏覽網站時，是否會不由自主地點擊類似下列文字的廣告連結？

「頂上無毛，不管怎麼做都於事無補……。」

「自己無法察覺的老人臭，該如何是好？」

「肥胖是你短命的原因。」

「限定！黃牙齒的人有救了！」

「針對你已經放棄的惱人毛孔……。」

「連老公都忍不住多看我一眼！七十五公斤的我大變身。」

為何你會點擊這些連結？因為上述文字是你一直以來的煩惱。

不管是誰，對自己的容貌、體態都懷有某種煩惱或自卑，因此一旦看見能解決這些問題的廣告，目光就會不由自主地被吸引。

為什麼人們會有這樣的煩惱？如果你獨自生活在無人島上，無論對容貌、體態再怎麼自卑，也不會感到困擾吧？會有這些煩惱，是因為害怕被身邊的人討厭，或是不受他人喜愛。換句話說，對於被討厭、不被喜愛的恐懼和不安，才是煩惱的本質。而恐懼和不安，會讓人產生購物衝動。

比起期望獲利，人更重視「規避損失」

或許有人認為，利用恐懼和不安來進行銷售，就是以誇張的措詞來煽動顧客購買不需要的商品。然而本章所要談論的，並非如何以劣等的行銷技倆來欺騙顧客。

比起期望獲利，人類更強烈地想要規避損失、逃離痛苦和不安。這是經由各種研究和實驗得到的結果。

在網路上銷售可疑的商品時，以恐懼和不安來煽動顧客的手法屢見不鮮。即使這種方法能造成一時的熱賣，但是顧客對虛假不實的商品感到失望後，便不會再次上門購買。

本章的旨趣是，當你想銷售優質的商品或服務時，為了讓顧客理解「為什麼需要」，必須先從恐懼和不安切入。

想製造不安，首先得讓顧客察覺問題

要利用恐懼和不安進行銷售，必須先讓受眾具有問題意識。例如：

- 肥胖有害健康。
- 毛髮稀少影響外貌。
- 人的死因有〇成是癌症造成。
- 口臭會造成周遭人的困擾。
- 牙齒發黃給人不好的印象。
- 棉被裡藏有許多塵蟎。

● 浴缸中充滿你看不見的細菌。

以這些問題作為前提，對顧客提出具體方案，強調只要使用你的商品就能解決。這麼一來，顧客就會產生購買商品的欲望。

案例》嘴太臭行銷法，從8年只賣100支到狂銷210萬支

有一項商品曾經完全賣不出去，卻在讓顧客對問題產生自覺後，一躍成為人氣商品，那就是總公司位於美國猶他州、員工僅有二十人的「OraBrush」所製作的「舌苔刷」。

舌苔刷是藉由刮除舌面細菌來防止口臭的商品，設計者為該公司的創辦人鮑伯・瓦格斯塔夫（Bob Wagstaff）。他曾在八年內，針對舌苔刷投入四萬美元的宣傳費，卻只賣出一百支。雖然他一開始從零售做起，卻沒有任何人對這項商品感興趣。

束手無策的瓦格斯塔夫透過當地大學，向修習商業行銷課的學生求助。學生們提議利用 Youtube 影片來推廣商品，他決定賭一把，支付三百美元讓學生們製作宣傳影

片。

在製作完成的影片中，一個自稱有「口臭恐懼症」（Halitophobia）的男學生，對著鏡頭一股勁地說話。他告訴觀眾，如何利用一支湯匙得知自己有沒有口臭。首先，用舌頭舔一舔湯匙，等待它自然風乾，再聞聞上頭的氣味。也就是說，湯匙上的臭味就是自己的口臭。這是不是非常淺顯易懂呢？

在影片的開頭，出現這樣的文案：

得知你是否有口臭的方法。（How to Tell if You Have Bad Breath.）

這支影片以破竹之勢瘋狂擴散，獲得一百萬以上的觀看次數，當然也讓舌苔刷成為熱賣商品，據說有四十個以上的國家下訂單。

舌苔刷之所以如此暢銷，是因為該影片先讓觀眾意識到「舌頭上的細菌會引發口臭」的問題，進而散布恐懼和不安，緊接著介紹「將人們從恐懼中解救出來」的商品。在那之後，OraBrush 陸續製作了許多 Youtube 影片，數量超過一百支。靠著這些影片的宣傳效果，時至二〇一二年，舌苔刷已經在全球熱銷兩百一十萬支。

文案㉝ 得知你是否有口臭的方法。

點出過去人們沒有意識到的問題，再提出能解決問題的商品，便能創造意想不到的熱賣效果。

案例》牙太黃行銷法，SMOCA潔牙粉專注潔白功能

二次大戰前，日本有一位天才文案企劃藉由讓顧客產生問題意識，創造了超高買氣，那就是活躍於大正時代到昭和初期的片岡敏郎。

片岡敏郎在一八八二年出生於靜岡縣，曾為日本電報通信社（現在的電通）、森永製菓、壽屋（現在的三得利）等企業，製作了許多超人氣廣告。他在擔任森永製菓廣告部經理期間，製作一則報紙廣告，內容是在當時的橫綱太刀山[47]手印中印上

[47] 橫綱指相撲力士的最高級資格；太刀山指已故相撲力士太刀山峯右衛門。

「天下無雙森永牛奶糖」字樣，引發狂賣風潮。

一九一九年，片岡敏郎被壽屋創辦人鳥井信治郎挖角，到該公司擔任廣告部經理。他執行製作的「赤玉紅酒」報紙廣告，是日本的第一張裸體海報，成為當時極大的話題。

之後，他在壽屋推出第一支國產威士忌「三得利威士忌：白禮」（現在的Suntory Whisky White）的發售廣告，其中的文案是：「醒醒吧各位！盲信舶來品的時代已經過去。嗜酒如命的人，都應該來一杯國產的頂級美酒，三得利威士忌！」另外還有ORAGA啤酒的廣告文案：「新品ORAGA啤酒，就喝ORAGA啤酒吧！」這些廣告都在當時蔚為話題。

此外，「SMOCA潔牙粉」系列廣告，可說是片岡敏郎的代表作。SMOCA潔牙粉是壽屋自一九二五年起發售的產品。那時候，潔牙粉大多用紙袋包裝，圓罐包裝的SMOCA被認為是高級品牌。

片岡敏郎以「吸菸者的潔牙聖品：SMOCA」為品牌概念，推出商品廣告。每天都刊登一則小篇幅的報紙廣告，全都是以單純手繪稿，搭配一則文案的樸實作品。這些廣告當時造成熱烈討論，使SMOCA潔牙粉創下爆炸性的銷量紀錄。這些文案如下：

給吸菸者的好消息！如果你以滿口黑齒及黃牙為傲，便不需要使用它。

有些人對自己在黑暗中不醒目的牙齒顏色沾沾自喜，但大多數人都贊成使用SMOCA。

你呵呵地狂笑，可是牙齒黑黑的，我才覺得你好笑。

他人總是對我如此潔白的牙齒表示驚嘆，我回答：「我用的是 SMOCA！」對於這樣的情節，我已經感到很厭煩了！

使用 SMOCA 三天後，你瞪大眼睛看著鏡中的自己：「這一口美齒真是我的嗎？」

《片岡敏郎 SMOCA 廣告全集》中收錄所有當時刊登的文案，請各位務必一讀。

這一系列的廣告並非光靠一則文案就造成熱賣風潮。片岡敏郎鎖定「讓牙齒光亮潔白」這個重點，從各種角度打出文字攻勢，命中所有客群的要害。過去多數人並不是那麼在意牙齒色澤，但這些文案讓顧客產生問題意識，使 SMOCA 潔牙粉大受歡迎。

後來，壽屋因為威士忌的銷路不佳，不得已在一九三二年轉售 SMOCA 潔牙粉的製造販售權。片岡敏郎轉職至隨後創立的壽毛加公司，繼續製作 SMOCA 廣告，並持續創造話題，銷售成績更加亮眼。

然而，戰爭期間的管制日益沉重，深受其苦的片岡敏郎在一九四〇年發表停業廣告，隨即告老引退，並在五年後病逝。

文案㉞ SMOCA 潔牙粉系列廣告。

專注於宣傳產品的最大賣點，從各種角度進行突擊，提高文案的命中率。

案例》藝人現身說法，一句「牙齒是藝人第二生命」就狂銷

第一則以牙齒亮白作為文案概念的廣告，是一九九五年開始發售的人氣藥效牙膏

「APAGARD」。

販售這款牙膏產品的「SANGI」公司，創立於一九七四年，它長年研究預防蛀牙的成份羥磷灰石，在一九八五年推出含有羥磷灰石的高級牙膏APAGARD。後來，APAGARD獲得厚生省核發的藥事法許可證明，但由於價格昂貴，又被其他大型製造商打壓，只能透過非實體通路勉強販售。不過，這款牙膏的亮白功效成功獲得好口碑，在演藝圈中出現不少愛用者。

一九九五年，一個衝擊性的消息對SANGI投下震撼彈。某家大型牙膏製造商正在為磷灰石牙膏，大規模進行銷售準備，雖然該牙膏的成份和APAGARD並不相同，但顧客恐怕難以區分，這對SANGI而言是個重大危機。

SANGI決定賭上公司的命運一決勝負，不顧當時的年銷售額僅有二〇億日圓，竟投入超過一〇億日圓的預算來製作電視廣告，並以「讓牙齒亮白」和「藝人」這兩個關鍵字來設計文案。

原本APAGARD是一款為了預防蛀牙而製造的牙膏，但被這個功效吸引的顧客卻少之又少。比起預防蛀牙，「恢復牙齒潔白」這個次要功效，更能激發人們的購買欲。此外，APAGARD確實成為許多藝人的愛用品，過去也曾製作類似的廣告來拉升業績。

SANGI 負責人絞盡腦汁寫出的第一個文案是：「藝人的牙齒潔白如新。」他委託廣告公司製作廣告，並聘請演員東幹久和高岡早紀擔綱演出。然而，東京都藥事審查人員對這句文案提出質疑：「有些藝人牙齒並不白，這句文案不太對吧？」

因此，SANGI 負責人立刻修改文案，成功為商品帶來極大商機。這句文案的內容是：

牙齒是藝人的第二生命。

審查人員說：「這句文案的意思是『牙齒潔白非常重要』，應該沒問題。」

電視廣告的內容，是講述一對藝人情侶不能時常見面的故事。一九九五年夏天，這則廣告一推出，立刻引發熱烈的迴響。原本準備作為一年份庫存的三十萬條牙膏，在電視廣告播出後，一週內就銷售一空。「牙齒是藝人的第二生命」這句話，也成為當年的流行語。

APAGARD 藉由藝人，再次讓顧客對牙齒色澤產生問題意識，成功贏得青睞。

文案㉟ 牙齒是藝人的第二生命。

舉出藝人或專家等權威人士作為楷模，讓人們更渴望解決過去不在意的問題。

想遏止負面行為？用黑色幽默讓它變成蠢事

我目前舉出的OraBrush、SMOCA、APAGARD案例，有一項共通點：它們都針對人類的煩惱，煽動恐懼和不安，並進行威嚇。這些品牌的廣告，都是以帶有娛樂感的效果來脅迫受眾。這種手法在遏制負面行為時，也十分有效。

案例》捷運公司不用說教短片，用動畫將事故發生率降低21%

澳洲的墨爾本捷運公司（Metro Trains Melbourne），以「做蠢事導致車禍發生」的概念，讓民眾產生問題意識，結果成功使電車死傷事故大幅減少。

翻開墨爾本捷運公司的歷史紀錄可以發現，儘管已貼出警告標語，但因為闖越平交道、任意穿越鐵軌等行為而發生車禍致死的人數，仍然居高不下。該公司希望實施預防宣導，來降低電車相關的事故發生率，於是決定以「愚蠢的死法」（Dumb Ways to Die）為主題，製作宣導影片。

這支影片總長約三分鐘，片中輕快的旋律、角色可愛的模樣，以及和這兩項元素完全背道而馳的黑色幽默內容，產生十足的衝擊力。

隨著輕快的音樂，一個個彷彿雷根糖（Jelly Bean）的可愛角色接連不斷地出現。他們在頭髮上點火、拿棍子戳熊、服用過期藥物等，全都因為做出愚蠢的行為而死去。很快地，死法演變成黑色喜劇，愚蠢死法連番上陣，例如：上網賣掉自己的腎臟、吸食強力膠、在狩獵季節裝扮成一隻鹿、捅黃蜂窩等。

當歌曲接近尾聲，開始出現和鐵路相關的事故死法，例如：站在月台邊緣、在平交道柵欄放下時貿然闖越、從月台穿越鐵軌等，並以「這才是最愚蠢的死法」作為結論。

這支影片上傳後，立刻引起廣大迴響。Youtube 的觀看次數超過五千萬次，臉書的分享超過三百萬次，背景音樂登上排行榜，還出現數百個類似的惡搞創作。

墨爾本捷運公司透過容易分享及擴散的網路作為宣傳載體，也是造成影片快速散播的主因。網友不僅能從網路下載歌曲，還有手機遊戲可玩，而且歌曲、影片文案、旋律等，都能輕鬆分享、進行二次創作。

此外，墨爾本捷運公司還利用網路以外的媒介，將影響力擴及所有年齡層，比方說，在車站內刊登片中角色的廣告、製成繪本、廣播免費放送等。

這支影片的宣導成果，使電車事故發生率大幅降低二一%，更在二〇一三年六月舉辦的坎城國際創意節上，獲得直效創意獎、公關獎、廣播創意獎、影片獎及整合創意獎等五項最高榮譽，一口氣囊括二十八項大獎，被譽為史上最成功的網路短片作品。

這支宣導短片的成功要因是什麼？人們在期望遏止這類負面行為時，經常直接使用危險、恐怖等字眼來嚇唬他人，例如：「禁止〇〇」、「請不要〇〇」。但是，墨爾本捷運公司的這支短片，將禁令化為愚蠢的死法，以搞笑的娛樂內容出奇制勝。

年輕人對死亡很難感同身受，但被說愚蠢，可就不能忍受了。

瞄準人們的自卑與煩惱，就能從紅海變藍海

將人們生活中的煩惱、自卑等問題意識，直接表現在商品名稱上，更能直截了當傳遞訊息。雖然這類商品讓人難以正大光明地走進店鋪選購，但在網路購物普及的時代，選購商品時已經不需要在意他人眼光。因此，因應人們潛在煩惱和需求的商品，越來越容易廣受大眾歡迎。

案例》胸部大也煩惱！華歌爾用縮胸內衣挖掘新需求

二〇一〇年四月，日本大型內衣品牌華歌爾（Wacoal）悄悄發售一款內衣，將許多女性的煩惱直接作為商品名稱：

讓巨乳變成小胸的縮胸內衣。

這款內衣一開始限定在網路上販售，剛發售就瞬間熱賣，並在短短一週內銷售一空。隔年，縮胸內衣也開始在店鋪販售，截至二〇一五年五月為止，已成為累計銷量十一萬五千件的超人氣商品。

在二〇一四年下半年度的華歌爾內衣暢銷排行榜中，縮胸內衣穩居冠軍，購買的人當中有八成以上都是回頭客，這也是該商品的一大特點。

縮胸內衣創造出的買氣或許讓人感到意外，因為過去大多數的內衣品牌，都以「集中、托高」這類讓胸部更大、胸型更美的角度，來製作新商品。

事實上，華歌爾二〇〇九年針對二十到四十九歲的女性，進行「內衣需求」問卷調查時，發現有一〇・七%的人回答：「希望讓胸部看起來小一點。」或許一〇%只是少數，但將比例換算成實際人數，仍然是很可觀的商機。華歌爾懷著頂尖內衣品牌的使命感，開始針對這項需求開發商品，這正是它受到顧客喜愛的原因。

縮胸內衣大受歡迎的關鍵，是清楚呈現功能利益的命名方式。此外，它讓過去對這類需求不曾有強烈感受的女性，產生問題意識。

舉例來說，華歌爾網站藉由向顧客提問：「您有過這樣的困擾嗎？」讓女性察覺自己是否也有以下的煩惱，例如：「穿上洋裝後看起來很胖！」「上衣鈕扣的縫隙很容易被撐開。」「T恤的圖案都變形了！」

即使過去對某款商品沒有強烈需求的女性，一旦被直接點名，問題意識便在心中萌芽，並且不由自主地認為：「或許我也需要一件。」

文案㊱讓巨乳變成小胸的縮胸內衣。

少數人的煩惱，可能是多數人沒有自覺的隱藏煩惱。找出這些關鍵，就可能找到未開發的藍海。

案例》從自卑看見商機，大學生小胸內衣造成轟動

有人為巨乳感到困擾，自然也有人為小胸而煩惱。由於A罩杯尺寸以下的店內庫存相當稀少，小胸的女性選擇內衣時格外辛苦。

有位女大學生企劃一系列適合小胸女性的可愛內衣，在網路上引起熱議，並爆發熱賣，那就是二〇一四年成立的內衣品牌「feast」。該品牌的設計者兼企劃人，是當時還在多摩美術大學就讀一年級的早川五味。

早川五味從小就對自己的小胸感到自卑，選購內衣對她而言是件苦差事。她希望能讓有相同煩惱的女性開心地選購內衣，於是成立feast。

過去一般人總是將女性的小胸部稱為「貧乳」，仔細想想，這真是失禮的措詞。feast將貧乳改稱為「品乳」、「仙度瑞拉之胸」，以「仙度瑞拉內衣」的概念，來設計商品文案。

引發熱烈討論的契機，是早川五味在推特上宣佈預購消息時說的話：

豐滿的女孩都可以享受挑選內衣的樂趣，為什麼品乳女孩不行？

這句話也用在預購網站的文案上。她的推文引發熱烈迴響，造成約一萬五千則轉發，不僅使首次發售的兩百套內衣當日售罄，連緊急追加的兩百套也立刻銷售一空。

feast將煩惱徹底化為問題意識，並融入文案當中，接著再銷售解救這項煩惱的商品，因此創下輝煌的戰果。

文案㊲ 豐滿的女孩都可以享受挑選內衣的樂趣，為什麼品乳女孩不行？

將煩惱化作問題意識，並融入銷售文案當中，可帶來超乎想像的成果。

該採用哪種銷售手法？OATH法則幫你分析客群

人類有千百種煩惱，可大致劃分為以下三類：

- 外貌、健康等身體的煩惱。

● 金錢的煩惱。
● 人際關係的煩惱。

然而，人們對煩惱的認知程度卻有極大的差異。美國行銷大師麥可・佛丁（Michel Fortin）提出「OATH法則」，將人們對煩惱抱持的問題意識，分為以下四個層級：

①渾然不覺（Oblivious）：不覺得那是問題。
②漠不關心（Apathetic）：雖然覺得那是問題，但並不關心。
③陷入思考（Thinking）：正在思考該問題。
④感到痛苦（Hurting）：因問題感到痛苦，盼望能從中解脫。

以「肥胖」來舉例說明：

O：不認為自己肥胖。
A：雖然知道自己肥胖，但不打算減肥。

T：對肥胖有自覺，並抱有瘦身的念頭。

H：正飽受肥胖之苦，希望能快點瘦下來。

假設你現在要銷售減肥商品，針對層級④的人，只需要提供解決方案，很容易大賣。針對層級③的人，只要讓對方充分認同商品的功效，便能提高賣出的機率。最困難的是針對層級①和②的人銷售商品。要讓層級①的人購買商品，簡直難如登天。針對層級②的人，必須徹底說服對方「為什麼非減肥不可」。

佛丁主張，包含文案在內的各種銷售方法，必須根據對象的問題意識層級進行調整。當你銷售商品時，務必找出顧客正處於問題意識的哪個層級。依據顧客的問題意識層級，撰寫文案的方法也有極大的差異。

重點整理

1. 每個人對自己的容貌、體態都懷有某種煩惱或自卑，因此害怕被他人討厭的恐懼和不安，會讓人產生購物衝動。
2. 利用恐懼和不安進行銷售時，必須先讓受眾具有問題意識，再提出能解決問題的方案或商品，就得以提高熱賣的機率。
3. 將人們生活中的煩惱、自卑等問題意識，直接表現在商品名稱上，更能直截了當傳遞訊息。
4. 根據對象的問題意識層級不同，文案等銷售方法必須隨之調整。

編輯部整理

NOTE

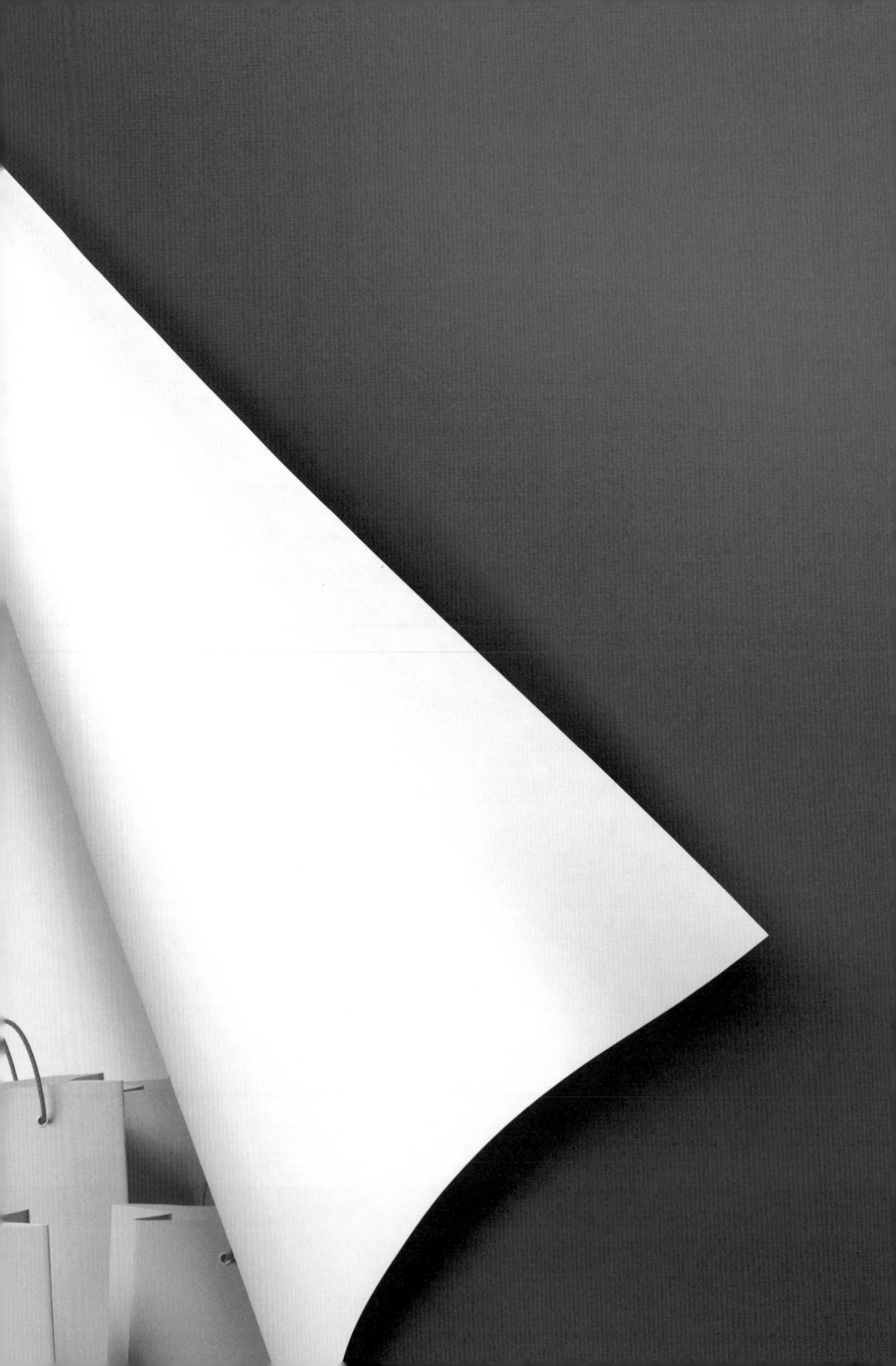

第五章

為何說出瑕疵缺點賣更好？

顧客比你想的，更在意向誰買商品

目前我已介紹過「告知新鮮事」、「提示可獲得的好處」、「刺激欲望」和「點出煩惱再溫柔地脅迫」。本章將介紹以「信用」為主軸書寫文案，而造成熱賣風潮的各種方法與案例。

在銷售時，信用為何至關重要？我在前面說過，人類具有規避損失的特質，因此會特別在意向誰購買商品，並且重視賣方的信用。一般來說，當架上陳列的商品看起來毫無差異時，顧客會傾向購買曾在大企業或廣告中看過的商品，這也是重視信用的一種表現。

為了取信於顧客，我們應該怎麼做？不管是個人對單一顧客、企業對商家，還是賣方對買方，舉凡遵守約定、拿出成果、不撒謊、具備專業知識，都是理所當然的重要條件。

不過，具備相當程度規模的企業，要和顧客建立這樣的信賴關係並不容易，因此才需要透過廣告、宣傳報導、社群網站等和顧客溝通的機會，努力取得顧客的信任。

說出瑕疵和風險，反而更贏得信賴

請試著想像下述情境：你要租一間套房，不動產公司的業務員帶你去看屋，並介紹房間內部的陳設格局。當業務員像機關槍一樣，不停列舉物件的優點，你會怎麼想呢？即使表面上頻頻點頭稱是，但不信任感也會油然而生吧？

接下來，請試著想像另一位風格完全不同的業務員。他以笨拙木訥的口吻，連該物件的缺點都詳細說明，你的感覺又是如何？相信許多人都會選擇相信那位敢說出缺點的業務員吧？

事實上，賣方抱持自信，將瑕疵和缺點全盤托出，反而能取信於買方。

我前陣子到某城市出差時，在當地國道沿線的一家迴轉壽司店用餐，菜單上，「酥炸櫻鯛頭」一品項旁的一句文案，吸引了我的目光。

醜話說在前頭，它有滿滿的魚刺喔。

餐廳老實點出料理的缺點，顧客反而會對料理產生興趣。

文案㊳ 醜話說在前頭，它有滿滿的魚刺喔。

比起一味強調商品的優點，誠實說出瑕疵與缺點，更能贏得顧客的信賴。

案例》OK超市誠實提供第二選擇，讓人買得好放心

有一家連鎖超市因為誠實地說出缺點，而創造熱賣，那就是日本關東地區的連鎖商店「OK超市」。

OK超市採取的手法，是連同負面資訊也老實告訴顧客。比方說，在商品旁邊放著這些海報：「目前販售的葡萄柚產自南非，味道較酸。美國佛羅里達出產的美味葡

葡柚，預定於十二月到貨！」「因為受到雨季的影響，萵苣品質比平時差，價格也翻漲不少。建議您暫時選購其他替代商品。」

OK超市將這樣的告示稱作「誠實卡」，老實地公開原本業者希望隱瞞的資訊，反而成功贏得顧客的信任。

文案㊴　OK超市的「誠實卡」。

公開一般商家都想隱藏的資訊，顧客覺得放心就會跟你買。

案例》安維斯租車承認不足、承諾努力，提升業績50%

某家公司藉由提供負面資訊，使業績一飛沖天，以下讓我介紹這則美國的傳奇廣告文案。

一九六三年，安維斯租車（Avis Rent a Car System）推行「我們就是第二」宣傳活動。當時，美國租車業界的龍頭是赫茲租車（The Hertz Corporation），擁有近六〇%的市佔率，第二名是安維斯，營業額只有赫茲的四分之一，與第三名幾乎旗鼓相當。

一九六二年，安維斯出現龐大赤字，在經營團隊大換血的同時，選擇恆美廣告（Doyle Dane Bernbach，DDB）成為他們的合作夥伴。恆美廣告雖然是一家成立十三年的年輕企業，但一直以主打誠實廣告的信念急速成長，他們曾執行德國福斯汽車（Volkswagen）的廣告宣傳活動，並引發討論。

由恆美廣告操刀的安維斯廣告宣傳活動，展現出非凡的成果。短短一年之內，安維斯的營業額成長五〇%，不僅使持續十三年的赤字轉虧為盈，市佔率也迅速擴大。恆美廣告使用的傳奇廣告文案如下：

安維斯在租車業界不過屈居第二，你為何要選擇我們？

在這句文案之後，緊接著說明這個問題的理由：「因為我們加倍努力。」這句文案想表達的是，正因為和赫茲相比，安維斯沒有被選擇的理由，所以會更加努力。文案最後加上一句自嘲的話：「我們櫃檯的排隊人潮比其他公司還少哦！」

企業在製作宣傳廣告時，通常都會宣示自家公司有多了不起（在美國尤其如此），這個概念從以前到現在從未改變。安維斯在此之前的廣告，也都是主打「租車公司中的頂級服務」，但對顧客而言，這樣的文案毫無特色，也無法引起共鳴。顧客會想：「不過是第二名，還能提供什麼樣的頂級服務？」

然而，這則傳奇廣告承認自己屈居第二，正因為如此會加倍努力。許多顧客對此產生共鳴：「既然他們都這樣承認自己的不足，一定會努力提供更好的服務吧。好！就找他們租車吧！」

其實，這支廣告是恆美廣告的文案企劃寶拉・葛林（Paula Green），絞盡腦汁才想出的提案，因為當時無論她如何研究，都找不到安維斯優於赫茲的地方。一開始，這個提案遭到安維斯公司極力反對，因為沒有任何公司會刻意自曝其短。就在計劃差點被腰斬的前一刻，恆美廣告的董事長出面，說服安維斯的管理階層，最後這個企劃案終於被採納。

結果，這句話成為名留青史的熱賣文案。

文案㊵ 安維斯在租車業界不過屈居第二，你為何要選擇我們？

自吹自擂的文案比比皆是，無法引起共鳴。向顧客承認自己的不足，並表示會加倍努力，虛心謙卑的態度讓人願意給機會。

案例》「早點讀到就好了」，店員的心聲造就百萬暢銷書

即使不強調商品的缺陷，由賣方揭露自己的弱點和真實感受，人們也會情不自禁地產生共鳴或感動。

某一家座落於東京神田的酒吧，由於裝潢看起來非常高級，因此除了常客之外，很少有新客造訪。於是，這家酒吧在店面懸掛一面廣告布幕，上頭寫著：「覺得很難走進來嗎？別擔心！我們不是什麼厲害的店！」結果，許多看見文案的客人蜂擁而至。

另外還有一家書店，因為店員寫出一張揭露自己弱點和真實感受的海報，而讓某

本書瘋狂暢銷。接下來，我們看看這個例子吧。

二〇〇七年，某本書出版超過二十年後，突然再度熱賣，最後成為銷量突破百萬冊的暢銷書。這本書叫做《這樣思考，人生就不一樣》，作者是語言學家外山滋比古，在一九八六年由筑摩書房出版後，二十年間賣出十七萬冊，可說是長銷書。

將這本書帶往百萬暢銷之路的，是岩手縣盛岡市澤屋書店的店員松本大介所製作的一張手寫海報。海報上的文案是：

我實在忍不住這樣想：「如果我能在更年輕的時候讀到這本書，該有多好！」

這張展現店員自身弱點和真實感受的海報，讓本書以異軍突起之姿，再度暢銷起來。聽聞此事的出版社，後來將這句話製作成書腰文案，使該書在全日本爆發狂銷熱賣，在約莫一年半的時間內，累計發行量已高達五十萬冊。

二〇〇九年，出版社以完全相反的論調，重新修改這本書的書腰文案，而使銷量再次突飛猛進。在出版二十四年後的二〇一〇年一月，這本書的銷量終於突破一百萬冊，成為百萬暢銷書。

這句文案的內容是什麼？我將在下一節進行解說。

文案㊶ 我實在忍不住這樣想：「如果我能在更年輕的時候讀到這本書，該有多好！」

真誠地述說內心感受，能拉近與顧客之間的距離。

人很難抗拒權威，實績、頭銜、證書加持超給力！

在超商選購商品時，你曾經因為看到「本商品榮獲國際品質評鑑大賞[48]最高金獎榮譽」之類的文字，而不由自主地掏出錢來嗎？此外，在非實體通路上看到覺得可疑的商品，你會因為它有大學教授或醫學博士之類的人推薦，而忍不住相信並購買嗎？

人類對權威毫無抵抗力。權威不僅限於國家權力等真正擁有力量的事物，在代表權威的頭銜、實績、制服、儀表、裝扮的面前，人類很容易被說服。這項論述是經過各種實驗得出的結果，其中最著名的是社會心理學家斯坦利・米爾格倫（Stanley Milgram）的「米爾格倫實驗[49]」，俗稱「艾希曼服從實驗」。

由此可知，權威是贏得信任的一種手段。

回到前面提到的《這樣思考，人生就不一樣》，當時出版社使用的新版書腰文案是：

東大、京大學生都在看的一本書！

㊽國際品質評鑑大賞（Monde Selection）是由國際品質評鑑組織（International Institute for Quality Selections）創辦的世界級產品品質獎，獎項以商品性質分類，並由各界頂尖人士組成的獨立評審團進行審查和評定，極具有指標性意義。

㊾米爾格倫實驗（Milgram Experiment）是一項社會心理學的科學實驗，主要研究人類在面對權威時，究竟會服從到什麼地步，以及能發揮多少拒絕的力量。實驗結果是：一般人會無視他人的痛苦，服從來自權威的命令。

由於這本書在二〇〇八年，榮登東京大學和京都大學合作社的書籍銷售排行榜冠軍，才有這句文案的誕生。日本兩所指標性大學的學生都會閱讀，可說是權威的象徵，為這句文案增加說服力。

新文案成功刺激銷量，讓《這樣思考，人生就不一樣》攀上銷量百萬的巔峰。就結果而言，這句文案再次證明：面對權威，人們毫無抵抗力。

文案㊷ 東大、京大學生都在看的一本書！

利用具有權威的人物、頭銜等象徵為商品背書，能有效取得顧客的信賴。

6個影響力法則，強化顧客對商品的信心

當然，還有許多方式能贏得顧客的信賴。

社會心理學家羅伯特・席爾迪尼（Robert B. Cialdini）在其著作《影響力》（*Influence: Science and Practice*）中提到，影響人心的法則有以下六項：

①互惠原則（Reciprocation）：當對方為自己做了某事，便認為必須回報。

②承諾與一致原則（Commitment and Consistency）：一旦做出決定，就會努力堅持到底。

③社會保證原則（Social Proof）：因為大家都這麼做，受到他人影響而附和或模仿。

④喜好原則（Liking）：被自己懷有好感的人勸說，便產生「那是好商品」的心理。

⑤權威原則（Authority）：一旦被權威人士下命令，就會不由自主地服從。

⑥稀有性原則（Scarcity）：若物品稀少或難以取得，便情不自禁想要擁有。

席爾迪尼希望，身為顧客的讀者能留意上述人類心理，不要被行銷技倆所矇騙。然而，這些原則確實能有效贏得顧客信賴，或是讓某人協助自己。

「只有現在、只在這裡、只對你說」，是3大促銷法寶

在購物頻道中，我們經常看見運用這六大原則的銷售方法。請各位看看該如何具體應用。

①互惠原則：

- 諸如「寄送免費樣品」等提供禮物的服務。

②承諾與一致原則：

- 提供讓顧客搶先體驗的好康，例如：「千元優惠，僅限第一次！」
- 告知「不滿意可全額退費」等零風險的資訊。

③社會保證原則：

- 公開愛用者的心聲。
- 告知有許多人正在使用，例如：「訂單數量突破△萬件！」

④喜好原則：

- 運用能引起共鳴的文字，例如：「那個吃起來真的很辣，對吧？」
- 告知受歡迎的人也在使用，例如：「藝人〇〇也愛用！」
- 額外奉送贈品，例如：「正在看本節目的你，我們要贈送〇〇好禮！」

⑤權威原則：

- 置入「醫師、運動選手推薦」等專家意見。

● 加入「NASA耗時五年才開發完成」等專業機構的認證。

⑥稀有性原則：

● 「只有今天」、「服務受理時間：現在起兩小時內」等時間限定。
● 「僅限看到本廣告的人」等地點限定。
● 「限量一百個」、「限定五十組」等數量限定。
● 「原價兩萬日圓，現在特價一萬兩千日圓」等價格限定。

據說，在非實體銷售通路上，有一條「為了銷售必須這樣強調」的鐵則，那就是：**只有現在、只在這裡、只對你說。**

上述這些運用六大原則的實際案例，是否都是你在生活中經常看見的句子？這些大同小異的宣傳文字之所以被反覆使用，是因為它們確實能發揮一定的效果。

飯店強調「大家都這麼做」，說服你重複用毛巾

在《影響力》的續集作品《就是要說服你》（*Yes! 50 Secrets from the Science of Persuasion*）中，提到一個真實案例，證明在說服他人時，社會保證原則是非常強而有力的要素。

在這個案例中，飯店業者做了一項調查：對連續過夜的房客提出「請儘量不要更換新毛巾」的請求時，什麼樣的文案最有效？

一般而言，當飯店提出這樣的請求時，幾乎都是以環保為訴求，希望房客能夠協助配合。這個方式當然具有一定的效果。羅伯特的研究團隊準備兩種宣導卡片，一間客房放置一種，並在飯店的協助下，調查個別的效果。卡片的內容分別是：

①以環保為訴求，希望房客配合。
②過去投宿本飯店的房客，多數人都重複使用毛巾。

結果，和①相比，②的毛巾重複使用率高出二六%。這足以證明，社會保證原則

確實影響許多人的行動。

羅伯特進一步加上第三種卡片進行實驗，也就是③過去在此房間留宿的房客，多數人都重複使用毛巾。結果，因為③而重複使用毛巾的房客比率，比②還高，甚至比①高出三三％。

這是因為比起過去投宿本飯店的房客，過去在相同房間留宿的房客讓人覺得更貼近自己，於是成為強而有力的社會保證。

在非實體通路上刊載顧客評價，正是藉由社會保證的力量來贏得顧客信任。如果其中有貼近自己屬性的評價，顧客會對該商品產生更高的信賴感。

案例》比利健身DVD超夯，是因為大家一起做

二〇〇七年在日本造成熱潮，引發狂銷熱賣的健身運動商品，是一套名為「比利美式新兵訓練營」（Billy's Boot Camp）的DVD。

這套DVD是由美國人比利・布蘭克斯（Billy Blanks）發明的七日短期密集健身訓練課程，以軍隊新兵基本訓練「Boot Camp[50]」為基礎設計而成。課程中由比利隊

長發號施令，帶領多名學員一同進行運動訓練。

該商品之所以熱賣，主因之一是大家都在做。熱銷的關鍵句，就是DVD中使用的文案：

入隊操練。

一般的運動訓練，大多是獨自一人默默地做，但在Boot Camp課程中，讓人有種「大家一起做運動」的感覺。由於DVD內容是教練和學員一同運動，雖然是虛擬的訓練營，仍然讓使用者感覺自己正和所有人一起運動。

此外，比利隊長的「太小聲了」、「再累也要繼續」等帶有責備口吻的精神喊話，以及「你一定可以」、「慢慢來沒關係」之類的鼓勵，成功激發學員的團隊意識。最後，比利隊長會以「幹得好」、「你做到了」等話語，將課程收尾。

㊿美國陸軍基礎訓練的口語說法。

文案㊸入隊操練。

營造「所有人都在做」的氣氛，是創造熱銷的關鍵。

案例》在地偶像團體打進排行榜，全靠粉絲一呼百應

所謂的社會保證，就像是原本只有一個人的聲音，擴散後變成眾人的聲音，讓人不由自主地想參與行動。我也曾經有這樣的經驗。

二〇一四年夏天，新潟在地的三人女子偶像團體「蔥少女團」（Negicco），在新專輯發售當週的最後一天，發生了一件事。

二〇〇三年日本全國農協為了宣傳地方特產「美肌蔥」，成立地方偶像團體「蔥少女團」。原本她們是限期一個月的臨時偶像，後來因為人氣高漲而繼續演藝活動。此後，蔥少女團歷經星運沉浮、多次瀕臨解散危機，終於在二〇一五年迎接成軍十二

週年的紀念日。一開始還是中、小學生的她們，如今都已經二十多歲。

儘管一路走來發生這麼多事情，蔥少女團的三名成員各自擁有獨特且親和的魅力，在歌曲演唱與表演方面，也具有相當高的評價和知名度。只要看過一次蔥少女團的現場演出，就會忍不住想要支持，我也是她們的粉絲。

二〇一四年七月二十二日，蔥少女團發行新單曲「Sunshine 日本海」。這是一首以夏日新潟為舞台，快樂和悲傷交織的知名曲子，MV演出也十分出色。歌曲製作人是「ORIGINAL LOVE」成員田島貴男。

蔥少女團一直以來都以低調拘謹、不貪圖名利為賣點，卻在發行該單曲時，首次對外宣告：「我們將以進入 Oricon 公信榜[51]前十名為目標！」

七月二十五日，在東京新宿的淘兒唱片[52]頂樓舉辦的新歌發表會上，從東京各店搜羅而來的大量CD銷售一空，當天她們還獲得 Oricon 單日排行榜的銷售亞軍，僅

---

[51] 由日本 Oricon 公司針對音樂、影像作品銷量進行統計和發表的排行榜，在日本音樂銷量榜上極具影響力。

[52] 來自美國的連鎖唱片行，在世界各地均設有店面。

次於「放浪兄弟[53]」。因此，粉絲們都湧現「想將蔥少女團推進單週排行榜前十名」的念頭。

七月二十七日是 Oricon 銷量調查的最後一天。在銷量統計的最後一天，偶像們通常會在東京都內舉辦附贈特典[54]的大型發表會，例如握手會等，藉此增加專輯銷量。但是，蔥少女團早就預定要前往佐渡島[55]參加祭典活動，所以無法在東京舉辦發表會。

這麼一來，她們幾乎無望擠進單週前十名。就在所有人都灰心喪氣之際，推特突然出現一股特別的氛圍：「別管什麼發表會和紀念特典了，我們每個人都去買ＣＤ，全力支持，讓蔥少女團進入前十名！」接著「＃屬於我的蔥少女團新歌發表最終日」的主題標籤[56]出現了，促使許多人爭相搶購她們的專輯。

粉絲之間一面交換情報，一面走訪全國店鋪收購ＣＤ。諸如「這家店的庫存我全買了」、「這家店還有庫存，但我一個人買不完，誰來幫幫忙」等資訊，在推特上輪流轉發，素昧平生的粉絲們團結一心，只為了衝高蔥少女團的專輯銷量。

我正好到新潟出差時，從推特得知「新潟市內的店鋪還有庫存」之後，也前往該店買下專輯，在搭乘新幹線返回東京的路上，看到「埼玉的大宮店裡還有剩餘ＣＤ」

的貼文後，又在中途下車。雖然我過去很抗拒重複購買CD這種事，但在所有人都為之瘋狂的這股熱潮面前，我情不自禁地跟著採取行動。

如此瘋狂的活動發展到最後，幾乎整個東京都和新潟市所有的「Sunshine 日本海」專輯，都被搶購一空。最後，蔥少女團在當週排行榜拿到第十一名，雖然距離目標只差一個名次，卻讓該團體再度寫下傳奇，更成為日後軼事的一道伏筆。

同年十二月，蔥少女團發行單曲「光的滑痕」，在Oricon公信榜單週CD單曲排行榜創下第五名的紀錄，為當年夏季未能擠進排行榜前十名的憾事扳回一城。相信這是七月的熱潮持續發酵的緣故。

---

53 放浪兄弟（EXILE）是一支十九人的日本歌舞團體，表演形式融合日本流行音樂與舞蹈，不僅粉絲眾多，更屢次獲得日本唱片大獎等榮譽。

54 意指追加的贈品，通常用在CD、日系漫畫、小說、遊戲和動畫等商品上，一般都有數量、時間或場地等限定。

55 日本第六大島，位於日本海，隸屬於新潟縣管轄。

56 主題標籤（Hashtag）是指一個井號加上一個詞彙，或沒有空格的一句話，通常用在微網誌和社群網站等的貼文中，用來串連各篇獨立的貼文。

二〇一五年上半年度，蔥少女團舉行首次全國巡演。由於AKB48的全新姊妹團「NGT48[57]」也在新潟成立，原本就在當地活動的蔥少女團，如今更成為眾所矚目的焦點。

文案㊹ #屬於我的蔥少女團新歌發表最終日。

一旦有人起頭，社會保證的力量就會帶動所有人同心協力，為了某個目標而努力。

案例》銷售防災意識，將個人急難救助包推廣到職場

想藉由贏得顧客信賴來打開銷路，高舉對社會有益的「大義之旗」也很有效。位於京都市的事務用品銷售公司「Castanet」，正是因為高舉大義之旗的品牌名稱，才引發狂銷熱賣的旋風。

我在著作《為什麼超級業務員都想學故事銷售》中，曾經分享 Castanet 的故事。它是一家僅有十名員工的小公司，因為銷售「社會公益」的故事，而成為擁有眾多支持者的企業。

身兼 Castanet 社長和社會公益室長的植木力，過去除了銷售事務用品以外，也十分重視防災用品，因為他深感自己負有守護員工生命的使命。東日本大地震發生後，植木力開始探訪當時災情嚴重的岩手縣陸前高田市，希望透過社會福利事業，來協助陸前高田市復興重建。

植木力多次前往當地，陸續從遭受重大損害的企業經營者口中，得知當時的情況。因為這樣的經驗，他深切感受到防災用品的必要性，同時認為這是和自家公司理念非常契合的事業。

雖然防災用品在大地震發生後頗有銷路，但隨著時間流逝，業績開始走下坡。站在一般企業的立場來看，推廣防災觀念需要龐大資金才能運作，因此這項計劃不斷被

57 由作詞家秋元康擔任製作人的女子偶像團體，以新潟市為主要活動據點，其團名來自根據地新潟的羅馬拼音 NIIGATA。

往後推遲。越想銷售商品，越賣不出去，植木力苦思著：「今後到底該如何推廣防災用品？」

在這種情況下，他閱讀《為什麼超級業務員都想學故事銷售》，而有了重大發現。在書中，Castanet 明明被描述為一家販售社會公益故事的公司，如今在防災用品領域卻打算銷售商品本身。植木力頓時恍然大悟：「對啊！我不應該販售防災用品，而是要銷售『大家一起防災』的故事！」

Castanet 繼承與防災相關的前人智慧，向實際受災的企業學習經驗，並針對「如何打造無懼災害的辦公室、企業和城市」進行提案。只要持續推行這些活動，防災用品也會隨之熱賣。這不僅對社會有益，還能增加自家公司的營收，是完全符合 Castanet 理念的新興事業。

此外，植木力認識到有備無患的重要性，因此他成立的新事業品牌名稱就是「有備無患.com」。

雖然該公司網站上也販售相關商品，但網站的成立不是為了銷售商品，而是銷售「防患未然的意識」。從此之後，不管是在展示會場上，還是接到洽詢電話，Castanet 都能迅速果斷地告訴對方，自己是一家什麼樣的公司。其網站文案是：

有備無患的職場，大家的防災事業。

據說該公司網站成立僅僅幾個月，就已經有數百件的諮詢，也實際進展到交易階段，而且幾乎所有對象都是新顧客。比起銷售事務用品的本業，防災用品的成效更加亮眼。

此外，這項新事業受到媒體矚目，多次登上報章雜誌版面。植木力發想出「防災侍酒師」這個名詞，以此進行各式各樣的活動，進一步提升眾人的防災意識。他還從銷售的角度出發，以使用者立場切入，來開發防災用品，首先推出的商品就是「急難救助包」。

Castanet 高高舉起對社會有益的大義之旗，成功贏得社會的信賴，就結果而言，自然能引發熱賣的風潮。然而，光是以文字來宣傳沒有說服力，以實際行動向大眾證明決心，才是重要關鍵。

文案㊺ 有備無患的職場，大家的防災事業。

高舉對社會有益的大義之旗，是贏得消費者信賴的捷徑。

重點整理

1. 人類擁有規避損失的特質，因此會在意向誰購買商品，並且重視賣方的信用。
2. 賣方抱持自信，將瑕疵和缺點全盤托出，反而能博取顧客的信任。
3. 撰寫銷售文案時，若符合互惠、承諾和一致、社會保證、喜好、權威和稀有性這六大法則，就能輕鬆贏得顧客信賴。

編輯部整理

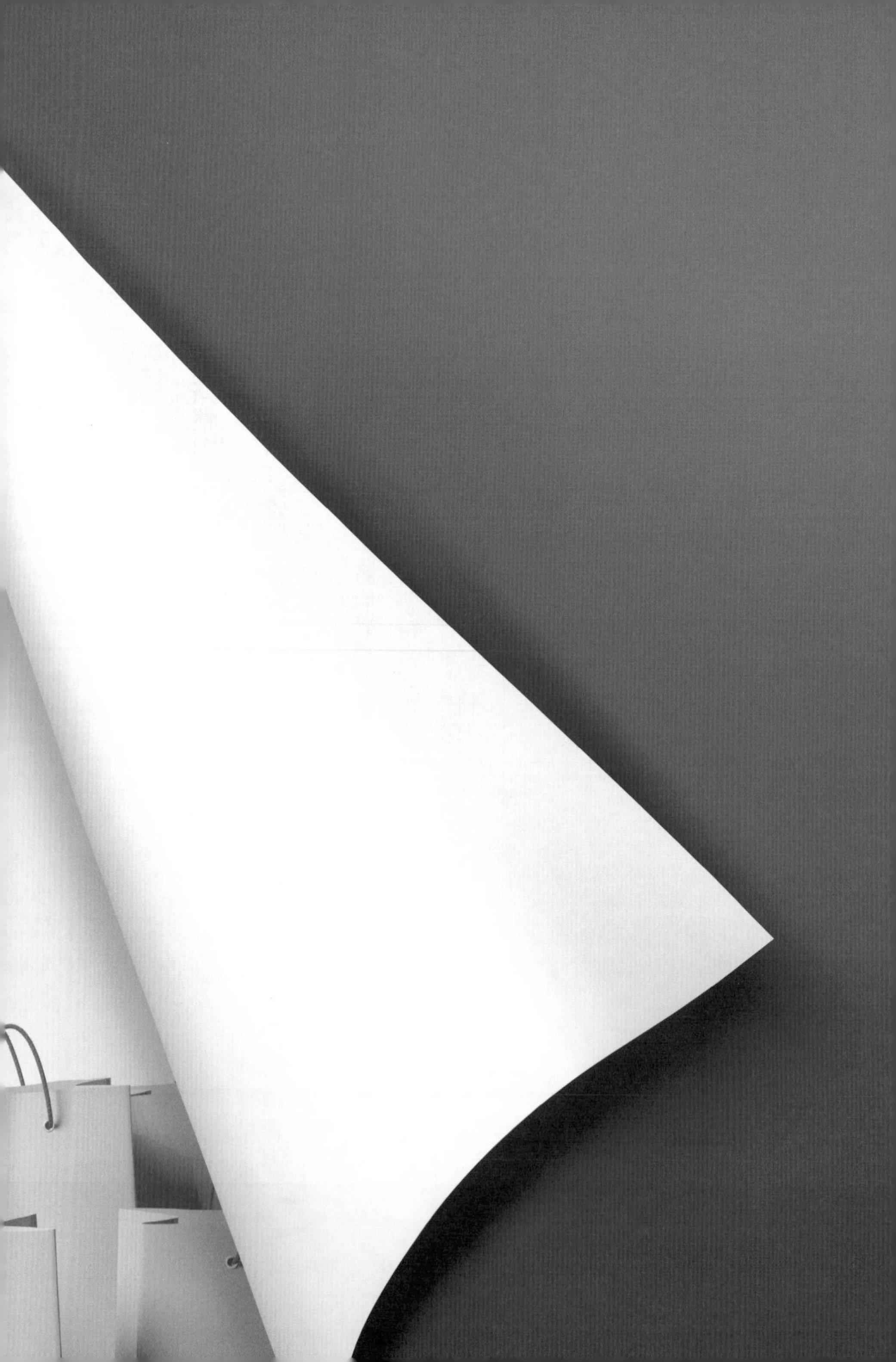

第六章

10 個技巧，教你用一句話把賣點精確傳出去

5W結合10H，商品轟動暢銷非難事

看完銷售商品時的「說什麼」，你是否能具體想像如何寫出一句熱賣文案？在最後一章，繼續舉出更多案例，看看它們怎麼運用「如何說」的技巧，以一句文案創造出熱銷奇蹟。本書將市面上眾多的「如何說」技巧，歸納成以下10H來進行解說。

①鎖定對象。
②善用提問技巧。
③精鍊文字，扼要傳達。
④運用對比與舊詞新用。

⑤藉由誇飾創造娛樂效果。

⑥隱藏部分資訊。

⑦使用數字與排行榜。

⑧善用比喻。

⑨述說違反常理的事。

⑩真心誠意地請託。

搭配本書第一章到第五章提到的5W，能創造出更好的效果，請各位務必充分活用。

我將簡明扼要地說明10H的各種形式，並介紹相關案例。請一面思考這些法則能否應用於你手中的商品，一面繼續往下閱讀。

技巧1：鎖定說話對象，精準傳達

當人們使用語言來銷售商品時，總希望儘可能向更多人傳遞資訊。然而，當你傳達資訊的目標越多，文案越無法產生作用。為什麼會這樣？因為顧客會認為，你傳遞的資訊和他們無關。鎖定你希望吸引的對象，才能讓對方認為「這是在說我」，並產生關聯感。

最簡單的鎖定方式，是從性別、年齡、職業、居住地、所屬單位、所有物、身體特徵等屬性，來尋找鎖定對象。例如：

給四十歲以上的新手駕駛。（鎖定年齡層）

住在藤澤市的職業媽媽限定。（鎖定居住地）

身高未滿一六五的男性有福了！（鎖定身體特徵）

案例》健身房標榜「女性限定」，用3M聚集66萬會員

有一家健身房因「限定會員性別」而大受歡迎，那就是「可爾姿」（Curves）。你應該看過可爾姿的招牌，每當我開車行經東京、大阪等大都市以外的城市時，總會對它的招牌數量感到驚訝。

可爾姿創立於美國。「可爾姿 Japan」從二〇〇五年起展開加盟體系，直至二〇一四年十二月，日本全國已經有一千五百四十三個據點，會員人數高達六十六萬人，規模成長迅速。可爾姿在日本使用的文案是：

女性專用三十分鐘環狀運動。

可爾姿的最大賣點與成功關鍵在於，無論會員還是教練，全都是女性。美國可爾姿的文案，則有3M之稱，也就是「男性止步、不化妝、不照鏡子」（No Man、No

Mske-up、No Mirror）。

文案㊻ 女性專用三十分鐘環狀運動。

鎖定客群，讓對方一看到文案就知道是在說自己，並產生關聯感。

案例》生蛋拌飯專用的醬油，口碑行銷狂賣300萬瓶

除了屬性以外，還有很多不同的鎖定方式。舉凡煩惱、價值觀、願望、思想等內在元素，或是用途、利用目的等行動元素，都能作為鎖定對象時的分類標準。接下來，舉出一個因鎖定用途而瘋狂熱賣的商品案例。

在島根縣雲南市吉田町，有一家名為「吉田 FURUSATO 村」的公司。過去，這裡是被稱為吉田村的地方自治區，當時由村民共同出資創立的公司，就是吉田

FURUSATO 村。

二〇〇二年，吉田 FURUSATO 村發售一項徹底鎖定用途，並創造超高人氣的商品，那就是：

生蛋拌飯專用醬油：OTAMAHAN。

這款耗時一年半，反覆試做、試吃才終於誕生的商品，是以當地製作的木桶釀製熟成的醬油為基底，搭配鹿兒島的鰹魚高湯、三州三河味醂[58]調和出的美味醬油。它不使用化學調味料、防腐劑等食物添加劑，口味則分為關西風和關東風兩種（關西風稍甜）。

自發售以來，OTAMAHAN 靠口碑行銷而成為人氣商品，說他們創造了生蛋拌飯的流行風潮也不為過。由於產品全由人工一瓶一瓶地填裝、貼標，因此出貨速度常常趕不上訂單。二〇一三年十二月二十八日，它的出貨量成功累積到三百萬瓶。就如此

[58] 日本食品與飲料製造公司角谷文治郎商店的招牌商品，此款味醂的特色為遵循傳統方法釀造。

小規模的公司而言，這是很驚人的數字。

一般而言，在銷售商品時，人們總是會強調多種用途，但這種做法無法和大型製造商競爭。正因為是偏遠地方的小公司，吉田 FURUSATO 村才能推出鎖定用途的商品，並獲得極大的成功。

文案㊼ 生蛋拌飯專用醬油：OTAMAHAN。

強調多項用途的商品難以和大企業競爭，精確地瞄準特定市場，有時反而能創造意外的佳績。

技巧 2：提問促使對方反射性思考

人們面對疑問句時，會下意識地想找答案。換句話說，在聽見問題的當下，人們很容易不自覺地把它當作自己的事情去思考。

提問的技巧經常被用於發想書名上。讓許多書籍開始使用疑問句來取書名的，是一本在二〇〇五年出版的百萬暢銷書——《叫賣竹竿的小販為什麼不會倒？》

案例》地方書店用海報大膽提問，讓新書紅遍全國

某家書店使用大膽提問的海報，讓不被出版社期待的無趣書籍化為人氣作品，它就是總公司位於滋賀縣近江八幡市的連鎖書店「書之頑固殿堂」。

那本不被出版社期待的無趣書籍，就是《為什麼超級業務員都想學故事銷售》。雖然這本書以行銷類新書，創下八萬冊的空前銷量，但一開始，它並不被期待能賣出好成績。在發售初期，許多書店的進貨量都不多，然而書之頑固殿堂卻讓它狂銷熱賣。

在這之前，書之頑固殿堂已多次將《座右銘》、《誕生日大全》等樸實無華的書，推上暢銷排行榜，在業界是一家內行人都知道的書店。

其實，《為什麼超級業務員都想學故事銷售》的日文原書名，最初是書之頑固殿堂社長田中武的創意發想，而讓這本書引爆狂銷熱潮的海報，也是出自他的手筆。此外，八家連鎖分店更是為了這本書費盡心思，在裝飾陳列區上下足了工夫，其中尤以西原健太擔任店長的唐崎店最引人矚目，他所寫的文案後來更被用在《為什麼超級業務員都想學故事銷售》的報紙廣告當中。

那麼，寫在海報上的文案究竟是什麼呢？答案是：

好商品卻沒銷路！為什麼？

僅有「為什麼？」的部分，是以充滿氣魄的紅色毛筆字書寫。一旦被問及「為什麼」，人們就會不由自主地尋找答案。

不少顧客看到海報文案，心想：「真的是這樣！我們公司也有好商品，卻都賣不出去，到底是為什麼？」再看書名，就更加興味盎然：「銷售物品的傻瓜？為什麼銷售物品的人會是傻瓜[59]？」於是他們拿起這本書，隨意翻閱，若認為內容與自己切身相關，就會把書帶去櫃檯結帳。

這張海報的影響力不只在書之頑固殿堂，也擴及其他書店。「水嶋書房連鎖書店」（總店位於大阪府枚方市）、「TSUTAYA WAY Garden Park 和歌山店」，也都以這款海報為基礎，加上新的裝飾，於是營業額大幅提升。不久後，東京、大阪等城市的大型書店也開始採用這款海報，幾乎可以說只要掛上它，就一定能創下銷售佳績。

結果，《為什麼超級業務員都想學故事銷售》的銷量被推上高峰。

[59]《為什麼超級業務員都想學故事銷售》的日文原書名是《物を売るバカ》，意為「銷售物品的傻瓜」。

文案㊽ 好商品卻沒銷路！為什麼？

文案中使用疑問句，會讓人不由自主地尋找答案，進而對商品產生興趣。

技巧3：文字精鍊直接，讓表現更有力道

文字經過縮減而簡潔有力地表達出來，會變得更有魄力。即便想傳達的訊息很多，刪減省略後，反而更容易傳達，並且令人印象深刻，讓人想採取行動。許多在電視劇或漫畫中讓人印象深刻的台詞，大多數都是簡單扼要的句子。

案例》電視劇的經典台詞，都是濃縮想法的結晶

一九九四年，日本電視台製播電視劇《無家可歸的小孩》，該劇描述一名少女生長於充斥暴力的貧窮家庭，在艱苦環境中拚命求生存，甚至為了生病的母親不惜鋌而

走險。

由安達祐實詮釋的主角相澤鈴，在劇中吶喊的一句台詞，不僅引發熱議，還成為當年度日本新語、流行語大賞的獲獎詞句，而且電視劇也創下超高收視率。那句台詞就是：

同情我，就給我錢！

這句台詞藉由縮減文字，強而有力地傳達，充分刻畫出相澤鈴的人格特質。

二〇〇五年，由三田紀房的漫畫原著改編為電視劇的《東大特訓班》，述說一名曾是飆車族的律師，在成為高中教師後，將一群偏差值[60]三十六的吊車尾學生送進東大的故事。

由阿部寬飾演的主角櫻木建二，在劇中不斷說出各種簡短有力的台詞。其中有一句台詞相當知名，是該劇第一集的標題：

笨的、醜的都給我上東大！

這句話的涵義是：「既然沒有長處、才能，也找不到想做的事，更應該進東大。之後若你想做某件事，這張文憑不僅有利於求職，還能提供更多的可能性。」

這句台詞正因為刪減過文字，才能成為象徵該故事的強大文案。

文案㊾ 同情我，就給我錢。笨的、醜的都給我上東大。

文字經過精鍊，能大幅加強力道，讓人過目不忘。

---

❻⓿意指相對於平均值的偏差數值，以每名高中職學生在校三年的學業成績平均換算，是日本人用來評估學生成績和學習能力的標準。數值越高，成績越好。

案例》「《最惡》最棒！」讓小說在單店銷售上千本

總店位於神奈川縣橫濱市的連鎖書店「有鄰堂」，有一位名聞遐邇的海報達人梅原潤一。他出版過兩本關於書店海報文宣的作品：《書店海報術：暢銷書就是這樣誕生的》、《書店海報術：暢銷書殊死戰》。

梅原潤一憑藉他的海報文宣實力，催生過許多暢銷書籍。這裡要介紹他運用刪減文字、增加文案魄力的技巧，將某文庫本帶往熱銷之巔的案例。

那本書是二〇〇二年發行的小說《最惡》。梅原潤一讀完單行本[61]後，被小說的精彩內容深深感動，而文庫本出版後，他便打算設置海報來推薦本書。海報上寫的文案是：

《最惡》最棒！

這簡直是精簡到無法再精簡的一句文案了。在文案下方，以小字寫著下述這段文字：

不幸的事件連番上演！
簡直就是災難的雲霄飛車！
來自直木賞[62]（預定）作家的痛快犯罪小說！

這些句子都是充分濃縮小說精華的文案，是不是很讓人感到好奇呢？正因為這張宣傳海報，《最惡》出現爆炸性的瘋狂熱銷。

當時作者奧田英朗還未得到直木賞，因此在海報上以「預定」的方式加註。奧田英朗獲獎後，海報內容重新改寫，但「《最惡》最棒」這句文案並沒有更動。因為這款充滿魄力的海報，這本書在梅原潤一當時任職的分店暢銷熱賣，銷量高達一千冊以上。

順帶一提，當初我也是在有鄰堂店內看見這張海報，才買下這本書，後來我又拜讀好幾本奧田英朗的作品。這也成為我閱讀荻原浩、盛田隆二、保坂和志、岡嶋二人

[61] 常見於日本漫畫或小說。指叢書的其中一本。
[62] 全名為「直木三十五賞」，文藝春秋的創辦人菊池寬為了紀念友人直木三十五，於一九三五年設立的文學獎項，是日本文學界最重要獎項之一。

等作家作品的契機。如今回想起來，這些全都歸功於梅原潤一的海報。

文案㊿《最惡》最棒！

精簡且充滿魄力的文字，容易打動受眾的心，使其採取行動。

技巧4：對比與舊詞新用，發揮吸睛創意

文案的語感和節奏感非常重要。語感和節奏感好，不僅易於理解，還能牽動情感，容易留存在受眾的記憶當中，狂銷熱賣的機率也會大幅提高。

美化語感和強化節奏感的方法很多，這邊我將介紹運用「對比」和「舊詞新用」的手法，而創造出話題的案例。

對比是指排列意思相反的詞彙，以襯托出商品特色。像是「沉默是金，雄辯是銀」、「高不成，低不就」等諺語或慣用句，也經常使用對比的手法。

有不少暢銷作品的書名運用這個技巧，例如：《富爸爸，窮爸爸》（*Rich Dad Poor Dad*）、《為什麼男人不聽，女人不看地圖？》（*Why Men Don't Listen and Women Can't Read Maps*）。

日本電影《跳躍大搜查線 THE MOVIE[63]》中的台詞，也運用了對比的手法：「案件不是發生在會議室裡，而是在現場！」因此無論經過多少年後，它都令人記憶猶新。

案例》地方首長的回話妙用對比，帶動觀光商機

二〇一二年時，從未在日本山陰地方[64]拓展據點的星巴克咖啡，終於對外宣布將在島根縣松江市開設分店。如此一來，全日本四十七個都道府縣當中，只剩下鳥取縣沒有星巴克分店。

此時，鳥取縣首長平井伸治在接受訪談時說了一句話，後來為鳥取縣帶來龐大的經濟效益。那句話是：

鳥取沒有星巴克，卻有日本第一的砂丘。

所謂「砂丘」，是指「鳥取砂丘[65]」。

這句文案在當時造成熱議。由於平井伸治的這句話，二〇一四年四月在鳥取車站附近開了一家「砂場珈琲」，再度引發熱烈討論。

二〇一五年五月，星巴克咖啡在鳥取車站附近開幕。因為過去首長的「砂丘發言」，使得星巴克 SHAMINE 鳥取店在開幕前，就引來超過千人列隊等待。這可是星巴克史上未曾出現的盛況，許多記者特地從東京趕到鳥取採訪，更成為全國性的重大新聞。

另一方面，砂場珈琲展開「大危機促銷活動」，舉凡「持星巴克發票前往消費，即可享咖啡半價優惠」、「不好喝免費」等，同樣吸引許多消費者一大早就前來店門口排隊。

---

63 一九九七年一月至三月在日本富士電視台播出的影集，由織田裕二主演。「跳躍大搜查線 THE MOVIE」為電影版名稱。

64 日本地理區域劃分方式之一，位於本州西部面向日本海的一側，範圍包含鳥取縣、島根縣和山口縣等北部地區。「陰」有北側之意，「陽」指南側，因此本州靠瀨戶內海處即為山陽地方。

65 星巴克的日文是「suta-bakkusu」，簡稱「sutaba」，和砂丘的日文「砂場」（sunaba）發音近似。鳥取砂丘不僅是山陰海岸國立公園的特別保護地區，更是日本最大的沙丘觀光景點。

鳥取縣政府也搭上這股風潮，展開「砂場旅遊觀光活動」企劃，對過去鮮少登上全國新聞版面的鳥取縣來說，這是絕佳的宣傳時機。於是，出自平井伸治之口的一句對比文案，創造極大的經濟效益。

在鳥取星巴克咖啡開幕當天，我正好到鳥取縣出差。由於出差地點位於米子市（鳥取縣西部），因此我沒有繞到鳥取市（鳥取縣東部），不過有人推薦一家好吃的餐廳，於是我前往鄰接米子市的境港市，在魚之工房吃了午餐。

該店的招牌料理是螃蟹蓋飯，菜單上寫著以下這句文案：

既然有生蛋蓋飯，我們賣螃蟹蓋飯也不奇怪吧？

這段文案運用不亞於砂場的精彩對比，讓人忍不住點了螃蟹蓋飯來品嚐，真的很美味。

文案⑤① 鳥取沒有星巴克，卻有日本第一的砂場。

對比的技巧不但有助於突顯商品特色，還容易令人印象深刻。

案例》把耳熟能詳的歌詞放入文案，加快宣傳速度

接下來介紹舊詞新用的案例。

舊詞新用原本是日本和歌[66]的技巧之一，意指擷取著名古詩的一部分，用於新詩創作的手法。文案技巧上的舊詞新用，便是仿照其做法，以知名標題或文句的格式為基礎，創造出新的文案。由於有原本的舊詞當梗，傳播速度更加迅速。

二〇一四年十一月，東京地鐵悄悄刊登一則車窗廣告，這則文案在網路上引起瘋

[66] 日本的一種詩歌形式，古稱倭歌或倭詩，原本是日本本土的詩歌，後來受到漢詩影響而發展起來。

狂討論，那是收購名牌精品的連鎖商店「NANBOYA」（總店位於東京銀座），針對聖誕節推出的廣告。

廣告中，只露出側臉的女性凝視著全新的名牌包，腦子裡盤算著「前男友們送的名牌商品能賣多少錢」，其廣告文案是：

前男友，是我的聖誕老人。

這則廣告背後的涵義是，將前男友們送給自己的名牌禮物，在 NANBOYA 賣出，再用這筆錢買新包包，當作自己的聖誕禮物。

這句文案引用的舊詞，是松任谷由實在一九八〇年發行的歌曲「戀人是聖誕老人」。這首曲子的歌詞在當年相當前衛，以「當我還是少女時，住在隔壁的時髦姐姐對我暗示聖誕老人的真實身分」為開頭，等長大之後才發現，原來那個聖誕老人是指她的戀人。

正因為這句舊詞，廣告才能藉由簡短的文字，將文案的涵義迅速傳遞出去。這個廣告推出兩週後，在推特上隨即出現兩千次以上的轉發，討論風潮之熱烈，甚至屢次登上網路新聞等媒體報導。其中也有針對「賣掉前男友的禮物換錢」這種行為，產生道德疑慮的負面評價，但這也是宣傳成功的表現。

這句文案的創作者，是「有趣法人KAYAC[67]」的長谷川哲士。該文案讓他獲得二〇一五年的東京文案俱樂部新人獎[68]。

文案㉜ 前男友，是我的聖誕老人。

引用過去人人耳熟能詳的舊詞，重新創造新文案，能加深受眾的印象。

[67] 日本知名的網頁設計公司，成立於一九九八年，總公司位於神奈川縣鎌倉市。

[68] 東京文案俱樂部（Tokyo Copywriters Club）簡稱TCC，是以東京為中心，活躍於全國的文案寫手與廣告企劃組成的團體。每年四月選出前一年的優秀廣告作品，頒發TCC獎，藉此刺激廣告業界的發展。

案例》吉卜力動畫的名言，被餐廳模仿去促銷菜色

讓我們再看另一個例子。當你走在澀谷的道玄坂[69]上，看見一家店的招牌上寫著這樣的文案，應該會忍不住停下腳步吧？

沒有包著吃的豬肉，就只是普通的豬肉。

這是韓式生菜包肉專賣店「VEGETEJIYA 菜豚屋」的文案。生菜包肉是指將豬五花燒烤後，再用萵苣等食材包著吃的韓式料理。

無論店面招牌或是菜單上都寫著這句文案。它的原始創意，來自一九九二年上映的吉卜力動畫《紅豬》中，主角波魯克．羅素說過的一句名言：「不會飛的豬，就只是普通的豬。」

即便有人沒聽過這句舊詞，「沒有包著吃的豬肉，就只是普通的豬肉」這句話，本身就符合縮減文字的技巧，因此只要看過一次，就會留下深刻印象。

VEGETEJIYA 菜豚屋是「GOLIP」旗下的連鎖餐廳，總公司於京都。社長勝山

昭在二十歲出頭時創業，在韓國耗費數年開展事業。他三十歲時決定回日本發展，第一個想到的便是他在韓國幾乎天天吃的生菜包肉。在韓國若提到燒肉，大家就會立刻聯想到生菜包肉，這是非常普遍的大眾料理。

但對日本人而言，燒肉讓人聯想到牛肉，想用豬肉做出受歡迎的燒肉料理，恐怕沒這麼容易。於是，勝山昭想出「什麼都能包著吃的生菜包肉」這個嶄新創意，前述文案就是融入這個概念後發想出來的。

二〇〇五年 VEGETEJIYA 菜豚屋在京都開設創始店，至今超過十年，在日本全國已經拓展十九家分店（至二〇一五年五月為止），在台灣也設有分店。這家店之所以能有如此亮眼的成績，並贏得顧客支持，都是因為這一句革命性的文案。

---

69 東京澀谷區的地名，位於澀谷站八公出口前往目黑方向的上坡。

文案㊼ 沒有包著吃的豬肉，就只是普通的豬肉。

使用舊詞新用技巧時，若能加入其他修飾手法，就能避免受眾未曾聽聞過舊詞的風險，創造出令人難忘的趣味文案。

技巧5：讓文字誇張、具有娛樂效果

一般來說，言過其實的誇飾不會引起人們的好感。如果在實際購買、使用商品之後，發現根本沒有廣告說得那麼好，甚至可能帶來負面的影響。不過，若商品本身擁有某種程度的品質，稍微誇張、帶有娛樂感的文案呈現，有時反而能產生超乎想像的效果。

案例》奇蹟美照配上「千年難得一見」，扭轉少女一生

二〇一三年十一月三日，一張照片在網路上以迅雷不及掩耳的速度傳開。這張照片是由一位住在博多、名為 Take 的粉絲所拍攝。其內容是福岡在地偶像「Rev.from

DVL」的成員橋本環奈（當時唸國三），在表演活動上跳舞的姿態，後來被人們譽為「奇蹟美照」。

許多網友看了這張照片，紛紛說「太可愛了」、「簡直是天使」，這樣的留言在第二頻道[70]、推特等網站上急速流傳。很快地，這件事被整理成一篇「博多在地偶像可愛度破表，造成網友大騷動」的報導，刊登在NAVER[71]網路平台上，其標題開頭的句子頗具震撼力，內容是：

千年難得一見的優質偶像。

提到千年，那就要追溯到日本安平時代了。這當然是很浮誇的表現方式，但如此誇大的形容，以娛樂效果來說，讓人勉強還能接受。儘管也有人覺得這個形容言過其實，但實際照片中的橋本環奈確實很可愛，因此成為眾人熱議的話題。

此外，偶像團體「SKE48[72]」成員松井玲奈也在自己的推特上說：「好可愛！讓我有了活下去的動力！」因此加速話題的擴散。就這樣，這篇報導在短短幾天內就獲得超過五十萬的點擊次數。

接著，「千年難得一見」這句話，發展出各種不同的意義。連NHK的深夜新聞節目、民間電視台的晨間資訊節目，也都報導橋本環奈的相關事蹟。向她所屬經紀公司發出的廣告邀約，更是如雪片般飛來。之後，橋本環奈演出多支電視廣告，瞬間獲得超高的知名度。

一張奇蹟美照、一句文案，徹底扭轉了少女的人生。

文案54　千年難得一見的優質偶像。

若商品或服務本身有一定的水準，即便使用誇張的文字宣傳，也不會讓人覺得華而不實，還能帶來卓越的宣傳效果。

⑩第二頻道（2channel），簡稱2ch，是日本的大型網路論壇。

⑪韓國目前最大的網際網路服務公司，在日本也有提供網路檢索服務。

⑫二〇〇八年出道的大型女子偶像團體，活動範圍以名古屋及東海地方為中心。

案例》冰品業慣用誇張手法，吸引顧客紛紛想要嚐鮮

總公司位於埼玉縣深谷市的赤城乳業，長年來以經典人氣冰棒「嘎哩嘎哩君」為首，推出各種充滿童趣的系列商品，為顧客帶來許多歡樂。

二〇一二年九月四日，赤城乳業發售了一款期間限定商品，不僅引發熱議，更因為銷路太好，短短三天就被迫停賣，那個商品就是「嘎哩嘎哩君——玉米濃湯口味」。它的文案是：

嘎哩嘎哩君史上最大的挑戰！

雖然有點誇張，卻充分達到娛樂效果。玉米濃湯口味冰棒究竟是什麼樣的味道？許多人對此感到好奇，使得這款冰品的銷量一路往上狂飆。

有一家公司跟上嘎哩嘎哩君帶來的風潮，在與推特上的網友們互動時想出一句文案，並藉此成功締造佳績。那就是總公司位於三重縣津市的井村屋。

井村屋的招牌商品是紅豆冰棒，受到許多粉絲的喜愛。由於陸續有網友將玉米濃

湯口味的嘎哩嘎哩君，加熱成玉米濃湯來飲用，並且在推特上發表他們的成果，順應這股風潮，於是推特上開始有人好奇：「如果把紅豆冰棒加熱會怎樣？」

井村屋的官方推特認為這是個大好機會，便將紅豆冰棒加熱過程的照片上傳至推特，成為網友之間的話題。結果被瘋傳的一句文案是：

紅豆冰棒加熱後，當然是紅豆湯。

紅豆冰棒加熱之後會變成紅豆湯，這是一般常識。但單純說明並不有趣，所以井村屋將過程拍成照片，強調這個理所當然的事實。這句文案雖然不算誇大，但這個舉動為紅豆冰棒的品質背書，因此成功創造話題。

讓我們看看另一個在冰品界中，運用誇張、具有娛樂效果的手法，獲得成功的案例吧。

森永乳業的「PARM雪糕」自二〇〇五年發售以來，銷售量持續穩定成長，如今成為該公司的主力商品。二〇〇八年，它在電視廣告中使用的文案十分具有衝擊力，因此成功增加不少粉絲。那句文案是：

令人驚艷的頂級雪糕。

電視廣告由身兼歌手和演員的寺尾聰擔綱演出。在廣告中，他有如孩子般，心無旁騖地吃完一整支 PARM 雪糕，接著是他親自錄製的旁白：「令人驚艷的頂級雪糕。」

當然，一定會有人認為「沒那麼好吃」，但這支誇張的廣告牽動顧客「想嚐一口」的心情，仍是不爭的事實。

如同上述案例，若你對商品的品質極有信心，利用稍微誇張的強烈表現來達到娛樂效果，有時也能創造狂銷熱賣的佳績。

文案㉟ 嘎哩嘎哩君史上最大的挑戰！
帶有娛樂效果的誇飾手法，容易贏得受眾的好感。

技巧6：隱蔽重點資訊，觸動窺探的欲望

被刻意隱藏的事物會讓人產生窺探的欲望，這是人之常情，你一定有類似的經驗。神話和傳說故事裡，也有許多被要求「不能看」的情節，結果主角還是忍不住回頭或窺探，而釀成悲劇。

因此，善用這樣的人性，隱藏部分重要資訊，能達到讓商品熱賣的效果。

案例》紀伊國屋隱藏書名的書展，一掃庫存書籍

紀伊國屋書店新宿總店在二〇一二年七月舉辦一個活動，不僅引發熱烈討論，更讓店中滯銷的書籍成功熱賣，其中不少書籍平常的銷路都不出色。他們到底是怎麼做

到的？

原來，紀伊國屋書店印出書籍中的引言，並把封面隱藏起來，讓人看不見作品真正的書名和內容。這個活動的名稱是：

「書的引言」博覽會。

規劃這個活動的，是當時任職於紀伊國屋書店新宿總店的採購專員伊藤稔。他希望不只有高居排行榜的書被人看見，也希望讀者能遵循自己的感性，選擇一些平常絕對不會購買的書，因此構思這項計劃。

在博覽會開始前，伊藤稔的不安大於期待，認為期間能賣出七、八百本就不錯了。結果，不僅在一個月內賣出七千本，活動還因此延長，最後總銷量超過一萬八千本。特別是活動開始後十天，身為人氣部落客的伊藤稔，在推特上發表「書的闇鍋[73]」推文，讓消息瞬間傳開，造成爆炸性的熱賣。

我當時也到銷售現場去參觀，在書店二樓的博覽會書架前，驚見許多年輕人正聚精會神地選書，那樣的場景至今仍令我記憶猶新。

雖然其中也有知名的書籍，但幾乎都是光看引言無法得知內容的書。儘管如此，這場博覽會依然創造驚人的銷售佳績，因為人們都有想閱讀被覆蓋內容的天性。

順帶一提，在這場活動中獲得壓倒性勝利的銷售冠軍，是以下述文字為開頭的書：「明天就是世界末日，卻沒有人和我一起度過。」據說這本書在活動開始前，每個月都只有一、兩本，但透過隱藏資訊的手法，活動期間竟然狂賣一千一百本以上。我在博覽會選購的五本書裡，其中一本就是它。為了配合活動的宗旨，在此我便不寫出書名了。

文案56「書的引言」博覽會。

隱藏部分資訊的技巧，成功勾起顧客的好奇心，提高熱賣的機率。

73 指一群親朋好友一起煮食火鍋的遊戲，規則是每人必須至少帶一種食材進入漆黑的房間，在什麼都看不見的情況下將食物投入鍋中，煮好後直接開動，夾到什麼就吃什麼。

技巧7：加入具體數據，增加公信力

人類深信數字不會騙人。在傳達訊息時，加入具體數字不僅能提高可信度，還能增加說服力。下列幾則故事，都是在商品名稱或店名加入數字，使得商品或店家變得廣受歡迎、生意興隆的案例。

案例》永谷園的味噌湯，以數字彰顯營養價值

有一款沖泡式味噌湯，自二〇〇九年九月發售以來，便一直維持著超高人氣，那就是永谷園的蜆味噌湯：

一碗相當於七十顆蜆的精華。

它的商品名稱本身就是文案標語。在這款味噌湯發售的兩年前，永谷園意外地發現，在高麗菜葉中有一種植物性乳酸菌，能產出名為「鳥氨酸」的胺基酸，因此開始研發鳥氨酸味噌湯。經過反覆研究，一款「每包都含有二十五毫克鳥氨酸」的味噌湯正式誕生。

鳥氨酸是一種有助於肝臟運作的胺基酸，但許多人就算聽見鳥氨酸，也不會立刻意識到這個功效，於是永谷園將它換算成容易理解的「蜆」。每包味噌湯的鳥氨酸含量恰好等於兩碗蜆精，而將蜆裝入碗中，大約會有三十五顆，於是一碗相當於七十顆蜆的精華。

一般人對蜆精的印象，是對宿醉很有效，於是永谷園以此為賣點，商品包裝的文案是：「泡給愛喝酒的父親，一碗貼心的味噌湯。」

這款商品主要在便利商店販售，一開始顧客的反應差強人意，但隨著日子一天天過去，陸續有店家傳出售罄的消息。自十月中旬起的一個半月，永谷園暫時停賣，努力提高產量，直到將供貨量增加至三倍，才得以應付顧客的需求。

商品名稱中的「七十」，成功強化商品的說服力。若它不使用數字，而只標註「蜆的精華」，相信無法帶給人們深刻的印象。

文案㊿ 一碗相當於七十顆蜆的精華。
使用比喻的同時出示數據，能加強文案的說服力。

案例》保險套以薄度來命名，銷量暴增數10倍

二〇一四年九月，以相模原創（Sagami Original）這個品牌廣為人知的相模橡膠工業（總公司位於神奈川厚木市），在日本發售一款劃時代的商品：厚度〇．〇一釐米的保險套（正確說法應為十八微米，意指接近〇．〇一釐米。以下數字均以相同概念呈現）。

過去十多年，保險套製造商都致力於開發超薄產品，岡本（Okamoto，總公司位

於東京都文京區）在二〇〇三年推出〇．〇三釐米的保險套，相模隨即在二〇〇五年發售〇．〇二釐米的保險套扭轉局勢。

之後十年間，開發技術持續進步，終於來到厚度〇．〇一釐米的時代。該商品名稱是：

相模原創００１（Sagami Original 001）。

相模直接將厚度數字用於商品名稱，而包裝外盒上的文案，也是以數字來呈現：「幸福的〇．〇一釐米。」規格一目瞭然的商品名稱和文案，效果格外驚人。二〇一三年，相模原創００１只在東京等城市限定販售，瞬間引爆搶購風潮，甚至因為趕不及製造而一度停賣。後來相模公司重整產線，二〇一四年九月再次於全國發售，這款保險套成為超人氣商品，陸續有許多店家都賣出高於過去銷量數十倍的好成績。

另一方面，保險套業界巨擘岡本也不是省油的燈，二〇一五年四月，他們推出同樣將數字置入商品名稱的「岡本０１」（Okamoto 01），結果銷售成績也很亮眼。

順帶一提，我到自家附近的藥妝店走一趟，發現兩家的商品被排列在一起販售，旁邊還附上宣傳海報。其文案分別是：

眾多口碑好評：再也無法使用其他牌子了！（相模原創001）

九六．八％的人都回答：好想再用一次！（岡本01）

文案58 相模原創001。

用數字將商品的賣點或規格，直接呈現在商品名稱上，能同時達到宣傳與提高辨識度的效果。

案例》咖哩店將100小時的製作時間放入店名，直接傳遞美味

提到東京神田，大家應該都會想到咖哩激戰區。在神田舉辦的日本最大規模咖哩競賽「神田咖哩大賞」中，二〇一四年獲得首獎的餐廳，便是運用將數字融入店名的

技巧。這家店的名字是：

一百小時咖哩B&R。

該餐廳是「株式會社ARCS」（總公司位於東京都品川區）旗下的咖哩專賣店，店名源自「耗費一百小時製作」的概念，菜單上記述著一百小時咖哩的製作流程。事實上，他們的咖哩確實是選用最頂級的黑毛和牛、二十種香料及九種蔬果，耗費一百個小時才熬製而成。

美味的餐點加上令人印象深刻的店名，使這家餐廳總是高朋滿座。目前「一百小時咖哩B&R」已經有三家分店，今後預定以東京為中心持續展店。

文案59 一百小時咖哩B&R。

將商品製作流程加入店名當中，不但能令人印象深刻，還能傳遞故事。

案例》表參道鬆餅店大戰，贏家的文案有何特色？

運用排行榜或三個「one」（first one、number one、only one）等手法，有利於創造狂銷熱賣，這個效果與本書第五章提到的社會保證有關。特別是「世界第一」、「日本第一」這類「number one」的表現方式，特別有效（但用於廣告時，必須出示相關根據）。

各位對「鬆餅正在全世界大流行」這件事，應該都有所耳聞吧？

從東京原宿到表參道這一帶，鬆餅專賣店數量大幅增加，使此處成為鬆餅的一級戰區。明明幾年前幾乎不見鬆餅店的蹤影，最近五年卻突然急速展店。雖然鬆餅專賣店不計其數，其中卻不乏人氣超高、整日排隊人潮絡繹不絕的店家，還有來自海外的餐廳推出獨家文案，對顧客進行強力宣傳。

在該地區為鬆餅熱潮點燃戰火的，是二〇一〇年開幕的「Eggs'n Things」。它是創立於一九七四年的夏威夷人氣店家，其文案是：「全天候早餐。」（All Day Breakfast.）

二〇一二年，「Bills」的第四家分店進駐表參道，那一刻讓這股熱潮真正成為定局。Bills是一九九三年誕生於澳洲雪梨的有機餐廳，它主打「好萊塢明星也超愛的店家」，以大張旗鼓之姿進駐日本市場，其文案是：「世界第一的早餐。」這句文案十分知名，當時日本的首家分店「鎌倉七里之濱店」開幕時，隨時都處於大排長龍的狀態。

其他還有「Café Kaila」的「吃得到夏威夷最美味早餐的店」，以及「CLINTON ST. BAKING」的「紐約NO.1早午餐之王」等文案。這些店都各自以精彩的廣告標語見長。

此外，還有一家號稱「紐約早餐女王」的「Sarabeth's」（位於代官山等地），雖然沒有在原宿地區展店，卻同樣受到顧客喜愛。

不妨試著思考，如果你想在這裡拓展全新的專賣店，要為它搭配怎樣的文案才好呢？

說個題外話，平底鍋鬆餅（pancake）是指形狀接近厚煎鬆餅（hotcake）的點心。兩者之間的差別眾說紛紜，若要大抵上區分，在日本帶有古早風甜味的是厚煎鬆餅，不甜的則是平底鍋鬆餅。厚煎鬆餅是點心，但平底鍋鬆餅也能當作正餐享用（當然，帶甜味的點心有時也會稱為平底鍋鬆餅）。

用英文諺語形容狂銷熱賣，就是「賣得像厚煎鬆餅一樣好」（sell like hotcakes）。明明英文較常使用「平底鍋煎餅」，不知為何，這句慣用語卻使用「厚煎鬆餅」。在歐洲其他語言當中，也有「像熱麵包一樣熱賣」（丹麥文）、「如甜甜圈、蛋糕一般狂銷」（西班牙文）之類的比喻。

文案⑥⓪ 表參道鬆餅名店系列文案。

強調「第一」和「首例」，彰顯其他店家沒有的特色，就能在競爭中脫穎而出。

案例》布丁用「大概是……」低調宣傳，反而更顯鋒芒

有一款布丁也強調世界第一，成功地以低調文字表現而大受歡迎，那就是群馬縣

綠市「玉子屋 YAMATAKA」所販售的布丁「天國的小豬」。它的文案是：

大概是全世界最濃醇的布丁。

據說，這款布丁是參考西班牙甜點「蛋黃焦糖布丁」（Tocino de cielo）製作而成，原文直譯成日文，就是天國的小豬。天國的小豬不僅是日本樂天市場的布丁銷售排行榜冠軍，還被各類媒體爭相報導，極為暢銷。

「大概」這樣低調的表現，具有卓越的效果。被這句文案吸引，想品嚐一口的人應該不在少數。這項商品的特色，是每一顆布丁包裝上的文案都不一樣，每一句都令人印象深刻，例如：

濃醇是一種罪惡。

嚐起來有愧疚的滋味。

讓人心靈受創的味道。

來自天國的贈禮。

到了天國也會想念的滋味。

文案61 大概是全世界最濃醇的布丁。

刻意低調的宣傳文案，容易讓人覺得耳目一新，印象深刻。

技巧8：善用比喻，促進自動聯想

使用文案銷售商品時，最容易令顧客產生聯想的手法是比喻，不僅容易留下印象，還能刺激銷量。

靠保時捷等龍頭企業的名稱包裝，提高商品身價

二〇一五年二月，在東京清澄白河開幕的某家咖啡店，因為聚集大量排隊人潮而引發熱議，那就是總公司位於美國奧克蘭的「藍瓶咖啡」（Blue Bottle Coffee）。

藍瓶咖啡的執行長詹姆斯．弗里曼（James Freeman），原本是單簧管樂手，他在放棄演奏之路後，決定要製作真正美味的咖啡，便於二〇〇二年在自家車庫，展開

他的事業。之後，藍瓶咖啡以舊金山為據點，成為人氣咖啡店，更因為獲得鉅額投資而造成話題。

當如此有話題性的藍瓶咖啡進軍日本時，各媒體都用以下這句話大肆宣傳：

咖啡界的蘋果。

這裡的蘋果，指的是生產 iPhone 等產品，各位都再熟悉不過的蘋果公司。這句話其實不是官方文案，在美國也沒有被廣泛使用，而是因為某個部落客將某位投資家對藍瓶咖啡的評論，直接翻譯為日文，才讓日本媒體開始以這句話作為報導標題。這個簡單明瞭的比喻，在日本瞬間擴散。

由於蘋果和藍瓶咖啡的創辦人都是在自家車庫創業，而且還有其他共通點，因此這個比喻才能牽動許多人的心。多虧這句文案，藍瓶咖啡在日本的知名度迅速攀升，人潮蜂擁而至。

另外說個題外話，我也曾經因為看到某個商品運用「○○界的××」來比喻，於是忍不住掏錢購買。

在東京「Caretta 汐留[74]」地下街的燒酒專賣店「Sho-Chu AUTHORITY」，它的所有海報文宣都令人印象深刻，其中放置在店門前的立牌看板尤其引人矚目，上面有一款「天橋立沙丁魚」罐頭，其文案為：

罐頭界的勞斯萊斯。

這句文案包含誇飾和比喻的技巧，是不是讓人很好奇呢？我實際購買品嚐之後，確實覺得它吃起來十分高雅美味。

若你對自己的商品有信心，不妨嘗試運用比喻手法，諸如「〇〇界的保時捷」、「〇〇界的愛馬仕」等，都非常有效。

[74] 位於東京的複合型商業設施，內部設施包含餐廳、商店和劇場等，遊客能在此用餐、欣賞免費的夜景，體驗寬闊舒適的空間。

文案62 咖啡界的蘋果、罐頭界的勞斯萊斯。

借助其他產業的龍頭公司名稱，來比喻自己的商品，讓人容易產生聯想，引發話題。

技巧9：違反常理，讓人增添新體驗

當人們聽見違背常識或相互矛盾的事，心中會產生緊張、不協調的感覺。這個文案手法便是利用這樣的人類心理，達到熱銷的效果。

案例》「離家出走4小時」旅遊行程，讓主婦享受夜生活

各位聽過日本旅行公司（NIPPON TRAVEL AGENCY）的員工平田進也嗎？他只是普通上班族，卻有「浪花神導遊」之稱，粉絲俱樂部有約兩萬人。他經常在媒體節目上亮相，已出版三本著作，並且企劃過許多團體旅遊行程，其中有個極受歡迎的行程：

離家出走四小時：復仇之旅。

明明是跟團旅行，卻取名為離家出走和復仇？這個團名讓他登上許多媒體報導，成功提高知名度。

這個企劃的概念是，妻子聲稱要離家出走，向晚上老是晚歸、甚至不回家的丈夫報復。具體的行程內容，是讓妻子們體驗豐富的夜生活。約莫二十位人妻前往大阪的北新地[75]頂級俱樂部、高級餐館，開心地飲酒作樂，以及欣賞人妖秀。

團員在傍晚集合後，先到頂級俱樂部乾一杯，由於此時還沒有什麼顧客上門，因此能以較低的價格入場。隨後在高級餐館享用豐盛餐點，接下來的人妖秀也是利用店家顧客較少的時段欣賞。這一整趟行程的團費是一萬八千日圓。若在一般時段前往，得花上好幾倍的價格，而選擇開店前後客人較少的時段，店家也能獲得好處，所以願意降低價格。

另外說個題外話，在平田進也主辦的「大人的學習之旅：2014 in 2 淡路島[76]」企劃中，我獲邀以客座講師的身分出席。我雖然身為講師，但聽見平田進也殷切款待、炒熱氣氛的方式與談話內容，字字句句都令我獲益匪淺，也明白他之所以擁有龐大熱情粉絲的理由。

這種以違背常理之事來引起他人興趣的手法，也經常使用在發想書名上。比方說，二〇一三年出版的百萬暢銷書《不被醫生殺死的47心得》，正是善用這個手法。一般而言，醫師被認為是拯救性命的人，但這本「不被醫生殺死」的書卻是現任醫師所寫，於是讀者心中產生不協調感，並對該書感到好奇。我在本書第三章提到，人們都強烈地「希望健康、期待長壽」，所以這本書更讓人想要一讀。

這一類違反常識的矛盾標題或文案，只要運用得當，就可以為商品創造熱賣的契機。

---

❼❺大阪最知名的高級餐飲街，這裡酒廊、俱樂部、餐廳林立，依顧客需求提供相關接待服務。

❼❻日本境內的小島，位於瀨戶內海東部，隸屬於兵庫縣管轄。

文案㊽ 離家出走四小時：復仇之旅。

違反常理的文案會引起人們的好奇心，進而對商品產生興趣。

技巧10：打從心底請託，是最後一張王牌

截至目前為止，我們已看過各式各樣的文案形式。其實還有一招，比任何一種形式都還要來得強大，那就是「打從心底充滿誠意地請託」。

人們很難拒絕他人誠懇的請託。不論對方是認識的人，還是商店負責人等不認識的人，人們只要被真心地請求，總會願意給對方一次機會。然而，這個手法不能經常使用，如果用多了，不僅對方會想「怎麼又來了」，使效果大打折扣，而且還會喪失信用。

但是，在關鍵的勝負時刻，這個方法是你的最後一張王牌。

案例》合作社弄錯訂單去求援，4千顆布丁一天完售

二〇一二年十一月，位於京都的教育大學合作社發生一件大事。採購部的女性員工原本打算訂購二十顆森永乳業的烤布丁，卻因為輸入錯誤，不小心訂了四千顆。

她請鄰近的京都大學等三府縣的五所大學，共計二十家店鋪協助認購，而自家合作社也在貨架上陳列兩百零四顆布丁，並且將原本每顆一〇五日圓的布丁，以特價七〇日圓販售。貨架上張貼著由合作社職員所撰寫的文案：

不小心訂太多了！
拜託各位好心的京教生幫幫忙，
請購買森永烤布丁！

學生們拍下貨架的照片，利用推特分享出去，結果這個消息瞬間擴散開來。甚至有學生在推特上說：「喜歡吃布丁的人，請買三顆以上！」最後，兩百零四顆烤布丁竟然在當天午休前就銷售一空。

售罄的貨架上，貼著一張合作社職員親筆寫的致謝海報，內容如下：「各位好心的京教生，兩百零四顆森永烤布丁已在中午全數售出，謝謝大家！感謝大家不僅幫忙宣傳，還特地前來購買，我們真的非常開心！今後我們會努力成為大家喜愛的合作社，請多多指教！」

二〇一四年十一月，北九州市立大學也發生同樣的事件。一個工讀生為了配合十一月十一日的「Pocky & PRETZ 紀念日[77]」，訂購江崎固力果公司的 Pocky 和 PRETZ 等十二種餅乾棒。原本他打算訂購三百二十盒，比平常多一點即可，卻因為漏看「每組十入」的標示，不小心就訂下十倍的三千兩百盒。合作社職員們看到送來的商品時，臉都變綠了。由於契約明定不能退貨，因此他們抱持著「只好硬著頭皮拚了」的覺悟，在食品賣場、餐廳和書店中都陳列販售。食

[77] 日本江崎固力果公司舉辦的餅乾日，由於其旗下商品 Pocky 巧克力棒和 PRETZ 餅乾棒，都是棒狀零食，形狀和數字「1」非常相似，因此將每年十一月十一日訂定為「Pocky & PRETZ紀念日」，並向日本記念日協會申請通過。

品賣場的 Pocky & PRETZ 餅乾棒旁邊，橫掛著一張大型海報，上面寫著：

HELP！
不慎手誤訂了三千兩百盒 Pocky & PRETZ，
是原本預定訂購量的十倍！請大家告訴大家！

文案下方還標示每天的銷售盒數，讓人一看就知道距離完售還剩幾盒。結果，學生們將堆積如山的點心照片上傳到推特和LINE，並寫下「北九大合作社，滿滿都是 Pocky 棒」、「我也買囉」等文字，幫忙將消息散布出去。

這兩個案例，都是合作社員工在走投無路下真心請託，成功打動學生的心，結果順利完售。然而，近來類似事件頻傳，有人認為「根本就是故意訂太多」，批評聲浪隨之湧現。由此可知，真心請託這種方法，千萬不能使用太多次。

即使自己是第一次這樣拜託人，但類似事件不斷上演，依然會被認為「怎麼又來了」，必須特別小心。

文案64 不小心訂太多了！拜託各位好心的京教生幫幫忙，請購買森永烤布丁！

誠懇地請託有助於解決突發危機，降低庫存，但太常使用可能會導致喪失信用，要特別注意。

重點整理

1. 從性別、年齡、職業、居住地、所屬單位、所有物、身體特徵等屬性來鎖定客群，能有效地讓對方覺得「這是在說我」，進而購買商品。
2. 人們面對疑問句時，會下意識地想找到答案，因此容易使人印象深刻。
3. 經過縮減的文案，會變得有魄力，讓人想採取行動。
4. 如果商品本身擁有某種程度的品質，稍微誇張、帶有娛樂感的文案有時會產生超乎想像的效果。
5. 人類相信數字不會騙人。在傳達訊息時，加入具體數字不僅能提高可信度，還能增加說服力。
6. 充滿誠意地請託是最能有效打動人心的文案技巧，但如果太常使用，對方會想「怎麼又來了」，使效果大打折扣。

編輯部整理

NOTE

結語 有故事還不夠，厲害的高手會用一句話說透

首先，我要向閱讀完本書的各位深深致歉，因為本書中出現好幾次《為什麼超級業務員都想學故事銷售》的相關話題。如果我是讀者，看見作者一直在書裡提到自己的其他作品，一定會覺得厭煩：「全部一次解釋完好不好！」

儘管如此，因為有多處是順著內文描述，無論如何都必須提到這本書的橋段，若讓您感到厭煩，實在萬分抱歉。接下來還是與該書有關的話題。希望透過這段故事，能讓各位感受到文案的力量。

二〇一四年五月，明屋連鎖書店（總店位於愛媛縣松山市）的小島俊一社長突然聯絡我：「我看完《為什麼超級業務員都想學故事銷售》，覺得所有零售業者都應該閱讀這本書。今年六月，我們要在松山市舉辦四國地區的店長會議，能否邀請您擔任

講師？」

我和小島俊一未曾謀面，雖然聽過明屋書店的大名，但從未實際拜訪過。當然，面對銷售拙作的書店請託，我實在沒有理由拒絕，於是答應了邀約。六月十八日，我有幸前往愛媛縣松山市，並在店長會議上發表演說。在演說結束後，我聽見了「那句文案」。

小島俊一站起來，在所有店長面前對我宣告：「這本書，敝書店將賣出一千本！」我身為作者，聽到這番宣言當然非常開心，但腦中的理性部分又認為，要賣出一千本應該非常困難。因為當時這本書已經發行一個半月，明屋書店的所有門市頂多只賣出數十本而已。

然而，每一位店長都被社長這一句文案的力量感動，於是各自在海報上撰寫充滿熱情的文案，來銷售這本書。後來，明屋書店傳來捷報，就在店長會議結束三個半月後的十月八日，他們終於達成一千本的銷售目標，隔年更賣出超過兩千本。

要是小島俊一沒有說出「我們要賣出一千本」這樣的宣言，或許店長們就不會受到感動，並認真銷售，那麼這本書就只會有一百本左右的銷量。

我希望各位讀者都能從這個故事中學到一件事：在銷售商品時，簡單地說，就是要「傾注熱情」。本書雖然描述許多打動人心的手法，但無論如何模仿，若沒有熱情，根本不可能造成狂銷熱賣。相反地，即使有些拙劣、不成熟，有時一句充滿熱情的文案，也能撼動人心。

在本書中，舉出許多以一句文案創造熱賣佳績的案例。

我在作者序中提過，熱賣是由各種不同的要素互相作用而產生的結果，並不是想做就能做到。然而，運用本書介紹的5W10H來思考，熱賣機率必定會大幅提升。

不過，有一件我在內文中刻意不提及的事，希望各位特別留意。雖然那件事可能會完全推翻本書內容，然而是事實，我必須告訴各位，那就是熱賣不代表長期利益。許多公司的商品一開始熱賣，卻引發各種負面訊息，最後走向衰敗。

比方說，第五章提到的比利美式新兵訓練營，經銷該套DVD的「Shop Japan」負責人哈利・希爾（Harry A. Hill），在他的著作《長銷熱賣的行銷學》中，斷言這個案例完全失敗，因為它好不容易創造狂銷熱賣，卻沒有和顧客建立良好關係，讓比利熱潮在轉瞬間告終。如果只仰賴比利美式新兵訓練營維持公司營業額，公司很快便將面臨存亡危機。

此外，同樣是第五章提及的安維斯租車案例，也極富啟發性。以第二名宣言使業績大幅提升的安維斯，因為得意忘形而鑄下大錯。他們後來將經營策略改成「以冠軍為目標」，如此強勢的文案令顧客瞬間離他們而去。因為顧客支持的是第二名努力奮鬥的故事，以冠軍為目標的安維斯無法打動他們。

如果你已經成功創造熱賣，請小心別陷入這樣的絕境。光是藉由文字成就佳績的商品，多半無法走得長遠，必須搭配好故事才能長銷。銷售商品時，文字和故事必須相輔相成，缺一不可。

若本書能為各位的公司或商店帶來靈感，催生新的熱賣文案，那將是我至高的喜悅。若您的商品「賣得像厚煎鬆餅一樣好」，請務必讓我知道。

謝謝您閱讀到最後，我們後會有期！

參考書籍與網站

- 《奧格威談廣告》（*Ogilvy on Advertising*）大衛‧奧格（David Ogilvy）（Vintage Books，美國）
- 《增加19倍銷售的廣告創意法》（*Tested Advertising Methods*）約翰‧卡普萊斯（John Caples）（滾石文化，台灣）
- 《傳奇文案實踐聖經》（*The Robert Collier Letter Book*）羅伯特‧柯里爾（Robert Collier）（Important Books，美國）
- 《寫文案的基本功》川上徹也（日本實業出版社，日本）
- 《超強「文案力」養成講座》川上徹也（鑽石社，日本）
- 《廣告的世界史》高桑末秀（日經廣告研究所，日本）
- 《水族館奇蹟的七大秘密》中村元（Collar 出版，日本）
- 《社長，我要辭職！》荻島央江（日經 BP 社，日本）
- 《河童叢書的時代》新海均（河出 Books，日本）

・《率領河童軍團》神吉晴夫（學陽書房，日本）
・《為何紅牛能在全球賣出52億罐？》（Die Red-Bull-Story）沃爾夫岡・福維格（Wolfgang Fürweger）（Carl Ueberreuter GmbH，德國）
・《小小企業的CSR報告書》Castanet
・《TEDxFukuoka 2013》Himi＊Okajima
・《AdverTimes網站》「以海報彼此聲援：那場早慶戰就是這樣誕生的」
・《日本法律顧問近畿支部——知財・元氣・近畿》近大之鮪的案例介紹
・《Video Research Interactive》連載單元「互動也要用故事打動人心」川上徹也
・《歷史頻道：AMERICAN EATS》「液體調味料」
・《創造與環境》「電視廣告中的重要關鍵」西尾忠久
・《日經 Business Online》「為何『茅乃舍高湯』能暢銷？老字號醬油釀製場大躍進的理由」井上理
・《Diamond Online》「雷神巧克力為何能在義理巧克力市場獲得超高評價？」
・《Insight × Inside》「美國莊的奇妙居民們：針對主婦的廣告大變革！」Stella Lee
・《Youtube》「OraBrush 舌苔刷創業故事」

- 《從「舌苔刷」的成功看見「Youtube 的廣告力」》JOSEPH FLAHERTY／向井朋子、合原弘子譯
- 《筑摩書房網站》外山滋比古《思考的整理學》，第二十一年才熱賣的秘密
- 《Orion Biz online》「隱藏標題，創造十倍業績」二〇一二年九月十日號
- 「喜歡所以購買，才會難忘」紀伊國屋書店「書的引言博覽會」策展人問答集
- 《DREAM GATE》「韓國料理新創意革新！它在全國拓展二十二家分店的原因」
- 《My Navi News》「令人驚艷的頂級雪糕：『PARM』的人氣秘密」
- 《My Navi News》井村屋 Twitter 官方帳號專訪
- 《WEDGE》二〇一〇年二月號「『一碗相當於七十顆蜆的精華』創造超人氣的『困惑』」池原照雄
- 《日經 TRENDY》二〇一五年七月號
- 《近代食堂》二〇一四年七月號

以及其他資料，感謝各大企業網站、報章報導提供參考。

NOTE

NOTE

NOTE

NOTE

國家圖書館出版品預行編目(CIP)資料

暢銷商品是如何用一句話說故事：取名字、寫文案就是比別人好的79個技巧！／川上徹也著；黃立萍譯. -- 三版. -- 新北市：大樂文化有限公司，2023.07
288面；14.8×21公分. --（優渥叢書 Business；93）
譯自：1行バカ売れ

ISBN 978-626-7148-62-4（平裝）
1. 廣告文案　2. 廣告寫作
497.5　112007789

Business 093

暢銷商品是如何用一句話說故事（暢銷限定版）
取名字、寫文案就是比別人好的79個技巧！
（原書名：為什麼超級業務員都想學文案銷售）

作　　者／川上徹也
譯　　者／黃立萍
封面設計／蕭壽佳
內頁排版／思 思
責任編輯／許育寧
主　　編／皮海屏
發行專員／張紜蓁
發行主任／鄭羽希
財務經理／陳碧蘭
發行經理／高世權
總編輯、總經理／蔡連壽

出 版 者／大樂文化有限公司（優渥誌）
地址：新北市板橋區文化路一段268號18樓之1
電話：(02)2258-3656
傳真：(02)2258-3660
詢問購書相關資訊請洽：(02)2258-3656
郵政劃撥帳號／50211045　戶名／大樂文化有限公司

香港發行／豐達出版發行有限公司
地址：香港柴灣永泰道70號柴灣工業城2期1805室
電話：852-2172 6513　傳真：852-2172 4355

法律顧問／第一國際法律事務所余淑杏
印　　刷／韋懋實業有限公司

出版日期／2017 年 3 月 6 日初版
2023 年 7 月 27 日暢銷限定版
定　　價／320 元（缺頁或損毀，請寄回更換）
I S B N／978-626-7148-62-4

優渥叢書

優渥叢書